摄影◎圣典

用光与曝光

艺术与创意

第一视觉 编著

化学工业出版社

·北京·

本书针对广大影友的实际需求，从摄影光线的分类出发，解析了光线与色彩的关系、摄影曝光的技术要领、摄影用光的辅助器材等基础知识，然后以风光摄影、人像摄影、夜景摄影为例，深入讲解了常见摄影题材用光与曝光的实拍技法与创意手法，最后从创意用光及后期调整方面，提升大家在用光与曝光方面的创意与思维。

本书结合全国多位资深摄影师的实拍经验与精美照片，充分展现用光与曝光的艺术和创意，是一本从入门到精通的摄影用光与曝光技法书。

本书适合摄影爱好者，特别是希望提高用光、曝光摄影水平的影友阅读。

图书在版编目(CIP)数据

用光与曝光艺术与创意/第一视觉编著.
北京：化学工业出版社，2012.11
（摄影圣典）
ISBN 978-7-122-15381-4

Ⅰ.用… Ⅱ.第… Ⅲ.摄影光学 Ⅳ.①TB811

中国版本图书馆 CIP 数据核字 (2012) 第 223983 号

责任编辑：周天闻 孙 炜　　　　　　　　　　装帧设计：尹琳琳

出版发行：化学工业出版社（北京市东城区青年湖南街 13 号 邮政编码 100011）
印　　装：北京瑞禾彩色印刷有限公司
787mm×1092mm　1/16　印张 15¾　字数 400 千字　2012 年 11 月北京第 1 版第 1 次印刷

购书咨询：010-64518888（传真：010-64519686）　售后服务：010-64518899
网　　址：http://www.cip.com.cn
凡购买本书，如有缺损质量问题，本社销售中心负责调换。

定　　价：69.80 元

　　如果说构图是明确画面元素布局的基础，那么用光与曝光，则是展现一幅摄影作品影调与氛围的关键技术。目前市面上有关用光与曝光的技法书并不算很多，很多影友呼吁：希望有一本实用的用光与曝光技法书，让大家全面了解用光与曝光的基础技术及实拍经验。而本书就是针对广大影友的需求策划推出的。

　　摄影是"用光线作画"的艺术，正因为有了不同的光线来源，才让我们的拍摄有了无穷的创意。本书从光线的不同来源及分类出发，先是解析了用光与曝光的关键技术基础：光线与色彩的关系、用光与曝光的技术要领、用光与曝光的辅助器材，然后结合风光、人像、夜景三大题材，剖析如何针对不同题材运用光线，达到准确或独到的曝光效果。最后，从案例出发，告诉大家创意用光的几种手法，以及如何利用后期技术调整曝光效果。

　　本书具有两大特色：

　　第一，从技法出发，但不是一味地停留在技法。本书并没有一味地停留在用光技法层面，而是在"艺术创意""创作理念"方面进行了一定程度的延伸，希望大家能从中获得更多的拍摄思路。

　　第二，多位达人出面解决实拍难题。一些传统摄影技法书，做成了"图片说明"，一幅幅精美的照片固然养眼，但指导下的文字并不多，解决不了大家遇到不同场景的实际拍摄问题。所以，我们将影友实拍中遇到的多个用光及曝光问题总结出来，用"达人支招"的方式，请多位资深摄影师出面解决，使全书的实用性大大增加。

　　本书图片力求精美，文字追求实用，技术讲解力争深入浅出，可以说，这是一本为摄影爱好者精心打造的提升用光曝光技法与创意的摄影书。多位摄影师及文字编辑为本书的完成作出了贡献，他们是著名风光摄影家李元，著名人像摄影师赵晓进，摄影师王军、李立言、励军徽、王剑波、王嘉木、王诗武、张新民、杨卉卉、杨雯婷、李潇潇、时卫、王墨兰、何宇恒、赖琴、缪培昌、万文虎、孙洪兵、王瑜、张雷、赵永胜、张韬、董帅、何宇恒、贺成奎、徐华定、翟自广、王逸飞、敖延杰、朱斌、宋兆锦、谢刚、董萍、朱升洋、刘萍、杨涛、王林、唐辉、朱静、李威、吴涛、吴军、张华天行者、黄的河、迷人的元阳、AK47、糖僧、秋水等，在此一并感谢！

　　本书经反复修改，力求严谨细致，但仍可能存在不足之处，恳请读者批评指正。

第一视觉

2012年7月

目录

第1章
摄影中光线的

第3章
摄影曝光的技术要领

第2章
光线与色彩

第4章
摄影用光的辅助器材

第5章
风光摄影用光与曝光实战

第6章
人像摄影用光与曝光实战

第7章
夜景摄影用光与曝光实战

第8章
用光与曝光的创意与实践

第9章
用光与曝光的后期优化

第**1**章
摄影中的光线

光是一种人眼能感受到的电磁波，没有光世界将一片漆黑，摄影也就无从说起。所以，认识和了解光线，是学习摄影的必经之路。本章我们就以光线的不同分类向影友们介绍和分析光线的种类以及表现效果，让热爱摄影的您能在拍摄中自如地运用光线，使摄影作品能更生动自然。

1.1 光线的种类

如果按照来源划分，世界上的光线可分为自然光线和人造光线。本节将为大家介绍什么是自然光线和人造光线，以及它们在摄影中所能表达的不同效果。

≫ 自然光线

自然界中的光源以太阳光线为主，当然也包括夜晚的月光和星光。自然光线能真实再现拍摄场景的内容，不论炎炎烈日还是阴云密布，自然光线都会存在于我们周围。可以说自然光线具有最广泛的使用价值，也是一种最为稳定、最具特点的光线。

自然光线的优点让它成为拍摄风光的最好光线，而对于户外人像摄影来说，自然光也是非常适合的选择，它能表现出人物最真实的状态和最自然的美感。

由于自然光线的强度、色彩、角度等属性会随着自然规律而变化，而这种变化总是让人难以预料，所以在拍摄时它总是显得难于掌握。不过各位影友在拍摄前要先了解拍摄时的天气，做到有备无患，更好地利用自然光线拍摄。

◎ 焦距70mm　◎ 光圈F4　▦ 快门速度1/160s　ISO 感光度100

→处在自然光照射下的人物。阴天的散射光线柔和，让人物得以细腻表现，尽显女性的柔美

◎ 焦距135mm　◎ 光圈F11　▦ 快门速度1/500s　ISO 感光度100

↓晴朗天空下的绿色草地。明媚的自然光照射下的风景，让人产生身临其境、心旷神怡的感受

» 人造光线

　　人造光线是由人为控制的光源所产生的光线。古时候的火种，现代的照明灯具都能产生人造光线。人造光线在拍摄中能起到辅助自然光完成拍摄或是达到某种造型效果的作用。摄影中常用的几种人造光有：闪光灯、泛光灯和聚光灯。

　　人造光线的作用大致可分为两类：一是在室外或是室内拍摄时用来辅助自然光，补充和修饰被摄体；二是拍摄者在室内外或是夜晚拍摄时，有意识地把人造光作为拍摄的主要光源，后期得到想要的效果。

　　在拍摄中，拍摄者要根据不同的画面要求和气氛表达来选择所使用的人造光线。闪光灯是摄影中最常用的人造光源，而泛光灯和聚光灯是室内摄影师的必备器材。

▣ 焦距90mm　　▣ 光圈F11　　▤ 快门速度1/200s　　▣ 感光度100

←较强的灯光将桌上丰盛的美食照亮，画面色彩与细节的完全展现，让人垂涎欲滴

▣ 焦距50mm　　▣ 光圈F1.6　　▤ 快门速度1/100s　　▣ 感光度100

↓在室内以人造光拍摄人物，拍摄者可以根据画面需要改变光线的角度和强度，方便塑造理想的人物形象

相比自然光线，人造光线有着一定的局限性，它没有自然光线拍摄的画面自然，但是它易于受人把控，拍摄者可以根据需要来调整光线的强度或者角度等，也可以在没有光线的条件下创造光线进行拍摄。

焦距60mm　光圈F22　快门速度1/3s　感光度100

城市夜色中川流不息的景象。街边的路灯与行驶的车灯照亮了黑暗的夜，让夜色中的城市璀璨明亮

1.2　光线的性质

　　按照性质划分，光线大致可分为三类：直射光、散射光和反射光。下面我们就性质不同的各类光线进行分析。

| 焦距70mm | 光圈F5.6 | 快门速度1/100s | 感光度100 |

↑直射光下的向日葵，色彩鲜艳，以蓝天为背景更显生机勃勃

❯❯ 直射光

　　直射光又称硬光，是指直接投射在被摄体上的光线。地球上最常出现的直射光是晴朗天气下的太阳光线。也可以通过聚光灯将人造光线集成一束投射物体，从而制造出与太阳的直射光有相似的效果的人造光。

　　直射光有各种不同的照射光位，每个不同的光位拍摄出来的效果都有不一样的变化。在自然界中，直射的太阳光是最强的光线，它会使被摄体产生强烈的阴影及明显的投影，被摄体的明暗对比强烈，给人很硬朗的感觉；人工布局的点光源直射光也能使被摄体产生明显的阴影。

　　直射光能将表面凹凸不平的物体表面表现得淋漓尽致。例如岩石的断面或是山的侧面，会给人一种历史的沉淀感。在风光摄影中，要尽量避免正面的平淡顺光。选择能较好表现被摄体的立体形态的光位十分重要，比如侧光、侧逆光等。

▲ 直射光不同方位光照示意图

| 焦距27mm | 光圈F20 | 快门速度1/80s | 感光度160 |

↑岩石在具有一定角度的直射光照射下，受光面和阴影处反差极大，画面立体感十足，视觉延伸力强

大部分的人像摄影是不适合用直射光的，特别是拍摄儿童和女性的时候，因为直射光具有太强的方向性，容易在人物的面部留下浓重的阴影，影响画面的美感。但是如果拍摄者想要表达不一样的艺术效果，就另当别论了。

◎ 焦距160mm　　● 光圈F5.6　　▬ 快门速度1/200s　　ISO 感光度100

以侧逆方向的直射光拍摄老人，画面的光影变化具有很强的艺术表现力

>> 散射光

散射光又称软光，是一种不会产生明显投影的柔和光线。在阴天或是太阳光线被天空中的云层遮挡时，光线不能直接投射到被摄体上，所以不会使被摄体表面产生明显的受光面和背光面，整个画面的光线效果比较柔和，给人一种舒适感。但有时由于散射光的光线过渡扩散，色调和阴影缺乏变化，会导致拍摄出来的画面平淡，没有特色。

所以，拍摄者可以有选择性地在散射光环境中拍摄风光照片。如拍摄树木时，恰当地运用散射光，画面不会有明显阴影，树木枝叶不会显得光影凌乱。

合理利用散射光拍摄人像，画面中不会有强烈阴影，人物面部线条柔和，色彩的饱和度也比较高。也可以在摄影棚中，通过布置柔和的散射光拍摄人像，会使画面中人物的皮肤显得光滑而细腻，给人一种舒适美感。

另外，在拍摄中使用人造光通过柔光罩透射或是反光板来反射得到的光线也属散射光线。

◉ 焦距40mm　　◉ 光圈F10　　▧ 快门速度1/125s　　ISO 感光度100

←散射光条件下拍摄树林间的溪流，流水细腻如纱，草木的色彩还原度高

◉ 焦距145mm　　◉ 光圈F13　　▧ 快门速度1/100s　　ISO 感光度100

↓散射光条件下的树木，画面中省去了树影，避免了画面杂乱

◎ 焦距50mm　◈ 光圈F2.8　▤ 快门速度1/800s　ISO 感光度100

利用散射光拍摄人物，画面线条柔和，人物温柔自然，肌肤细腻白皙

❯❯ 反射光

反射光是经过其他物体反射的光线。反射体可以是岩壁、水面或是镜面。反射光的效果不仅直接受光源本身的影响，也要取决于反射体的材质，若它的表面越光滑、明亮，反射光的效果就越接近直射光线；反之，若它表面越粗糙，反射光的效果就越接近散射光线。

反射区域的色彩变化也会改变光源的光线色彩，从而间接地影响物体或是拍摄场景中的原有色彩。

在风光拍摄中，水面反射光算是最常用的反射光，它能让景物通过水面的反射作用，呈现出美丽的倒影。岩壁也是自然风光中常会用到的反光区域。

焦距76mm　　光圈F16　　快门速度1/400s　　感光度100

↓经过水面反射的蓝天白云，映照着天空中的美丽景象，给人一种豁然开朗的感觉

除了自然制造的反光效果外，通过反光板或是镜面也能制造出人工反射光线。利用反光板拍摄人像时，需注意找准正确的反射区域，以起到恰到好处的补光作用。而镜面的反射光能在画面构图中得到很好的利用。

📷 焦距120mm ⭕ 光圈F2.8 〰 快门速度1/200s 📶 感光度100

↑ 镜面反射出人物炯炯有神的双眼，而人物本身和背景都被虚化，更好地突出了人物的眼神

达人支招

水面反射光的运用技巧

利用水面的反射光效果拍摄带有水景的风光照片，需要找准地平线，而且最好不要将这条线放在画面的中间，这样画面会显得平淡，美感不足。可以将这条线放在画面上方三分之一处，这样不仅能在画面中表现真实的景物，也着重地突出了水中倒影的部分，构图也有了新意。也可以不要那条线，直接针对水面的倒影来构图，让景物在整个波光粼粼的画面中，给观者眼前一亮的感觉。

而利用水面反射拍摄人像时，要合理安排人物在靠近水边的摆姿，后期得到水面倒影的同时，人物在画面中自然生动。

📷 焦距80mm ⭕ 光圈F8 〰 快门速度1/200s 📶 感光度100

1.3 光线的方位

光线照射的方位不同，所得到的画面效果也会有着很大的差别。而光线按照投射方向的不同可以分为：正面光、前侧光、侧光、侧逆光、逆光、顶光和底光，但底光具有一定的丑化作用，在多数摄影类别中鲜有运用，所以本节就以前六种光位来讲解其不同的效果。

▲ 正面光示意图

≫ 正面光

正面光也称为顺光，是指顺着镜头的方向直接照射在被摄体上的光线，它能让被摄体受光均匀，视觉效果较平淡，是初学者最容易掌握的一种光线。

◉ 焦距18mm　◉ 光圈F11　⬚ 快门速度1/800s　ISO 感光度100

拍摄者利用正面光拍摄晴朗天空下的道路，画面明朗细腻且无阴影，有一种宁静的明媚

当光源方向跟相机高度一致的时候，被摄体正面朝向相机的部分就都会同样受光，所以就算被摄体的表面凹凸不平，也不会有明显的阴影，这样会减少物体的立体感和质感，跟平面图的效果相似，是对被摄体一种平淡的描述。如想要表现被摄体的立体感和质感，就需要尽量避开正面光。

正面光照射下的岩壁

非正面光照射下的岩壁

▲ 我们可以明显地看出正面光会削弱岩壁的立体感，所以要表现被摄体的质感和立体感时，需尽量避开正面光

用光与曝光艺术与创意

在风光拍摄中，正面光的运用很常见，不强的正面光可将被摄体的色彩真实地还原出来，从而营造出大自然风光开阔、明朗的氛围。

◉ 焦距95mm　◉ 光圈F18　▨ 快门速度1/320s　ISO 感光度100

利用不太强烈的正面光拍摄的大场景风光，画面开阔，色彩还原度较高

正面光在人像拍摄中也有运用，如利用较弱的正面光拍摄女性或儿童，可以让人物皮肤细腻平滑，减弱皮肤表面瑕疵，达到干净、简洁的效果。

◉ 焦距180mm　◉ 光圈F3.5　▨ 快门速度1/500s　ISO 感光度100

比较柔和的正面光拍摄在女孩身上，在安静的氛围中，很好地表现出人物的细腻肤质

>> 前侧光

前侧光又称为45°侧光，是指光线投射的方向与被摄体、照相机镜头呈45°角左右的光线。前侧光有着突出的光线特

▲ 前侧光示意图

点，能够使被摄体形成丰富的影调，充分展现被摄体表面的结构质地，突出被摄体的深度，产生恰到好处的立体感。

在风光拍摄中，前侧光也是理想的拍摄光线，景物与光线的角度呈45°，会让被摄景物产生明显的明暗反差，在画面中同时形成的受光面、背光面和错落的阴影，让被摄景物表现出强烈的立体感和质感。

在人像拍摄中，前侧光会使被摄者面部或是身体中的小部分处在阴影中，这样能充分地表现出被摄者的轮廓和立体感，画面显得十分自然，色彩还原度高，同时还让影调富于变化，所以前侧光在人像拍摄中具有很好的表现力。

🔲 焦距150mm　　⭕ 光圈F4.5　　📶 快门速度1/4000s　　ISO 感光度100

↑利用前侧光拍摄人像，光线从前侧方向照在女孩脸上，人物形象鲜明，气质温婉柔和

🔲 焦距150mm　　⭕ 光圈F13　　📶 快门速度1/500s　　ISO 感光度100

↓前侧光让山脉侧面明暗分明，立体感极强

前侧光也是能拍好建筑作品的光线，针对建筑物表面的凹凸轮廓，前侧光能表现建筑物的线条、形状，以最佳状态展现建筑物的立体感，表现力强，视觉感受明确。

焦距120mm　光圈F8　快门速度1/500s　感光度100

前侧光下的建筑保留了大部分的受光面和小部分的阴影，建筑本身的外形、质地得到很好的展现，立体感强

≫ 侧光

侧光又称为90°侧光，是指从相机的左侧或右侧方向照向被摄体的光线，与镜头光轴约呈90°夹角。侧光利于突出三维空间的物体形态，加强被摄体的立体感，所以侧光也是大多数拍摄者喜爱的光线。

侧光让被摄体的一面被光线照射，将每一个细节都突显出来，而另一面处于背光状态，阴影浓重，所以侧光拍摄的画面明暗结构分明，利于表现被摄体的质感，让画面具有强烈的光影效果。

如果侧光的光线强烈，被摄体的棱角更加分明，整个画面会给人一种十分锐利的感觉，更深一层地表现了被摄景物的层次和线条。

拍摄风光照片，利用侧光使被摄体产生明暗反差的特点，使画面中的景物同时拥有受光面和背光面，让观者能够感受到光线的方向感明确，画面立体感强烈，同时利用被摄体的亮部与阴影区域的交错也是一种不错的造型手法。

▲ 侧光示意图

📷 焦距50mm　◎ 光圈F2.8　〰 快门速度1/500s　ISO 感光度100

↑以比较柔和的侧光照射的宠物狗，很自然成为画面的视觉中心

📷 焦距50mm　◎ 光圈F2.8　〰 快门速度1/500s　ISO 感光度100

↓侧光条件下拍摄沙漠，其受光面明亮，背光面深暗，且沙漠细腻，棱角分明，因此立体感得以很好展现

在人像摄影中，侧光会使人物面部一半受光一半背光，突显人物立体感，整个画面具有一种戏剧效果，常用来表现男性的硬朗或时尚女性的风采。

焦距110mm　　光圈F13
快门速度1/200s　感光度100
侧光下拍摄的男性肖像，面部明暗均分，很好地表现出男性坚毅硬朗的特质

⟫ 侧逆光

侧逆光是指来自被摄体侧后方的光线，也就是相对于相机的前侧方向，光线与镜头光轴的夹角在135°～225°左右的光线。

侧逆光照射下的被摄体，正面受光只有很小一部分，阴影面积占据大部分，所以整个画面的影调会显得有些沉重，但被摄体会有明显的立体感，同时能在画面中得到强烈的空气透视效果，画面的影调与层次都变得丰富起来。

侧逆光与逆光有着一个相同的特点，它能使光线穿透被摄体的边缘，在被摄体的轮廓上增添一道明亮的光芒，这样能够增添画面的艺术气息和感染力。

▲ 侧逆光示意图

◉ 焦距80mm ◉ 光圈F4
〰 快门速度1/300s ISO 感光度100

← 从人物左后侧方照射过来的光线将女孩发丝照亮，人物的身体轮廓很好地凸显出来

◉ 焦距135mm ◉ 光圈F8.0 〰 快门速度1/200s ISO 感光度100

↓ 山坡下的树木，在侧逆光映照下，叶片被照得透亮，而山坡大部分处在阴影中，明暗色彩对比使画面充满生机，同时具有更丰富的层次

侧逆光用于人像拍摄时，能够突出某一个局部的细节特点，但是没有光照的部分就会没有细节，缺少立体感。如想要在人物的阴影面表现出细节来，就需要一些辅助光线，比如通过反光板或是电子闪光灯等辅助照明器材来适当增加阴影部分的亮度，显现出阴影部分的层次感和立体感，增强画面影调的生动性。

🔘 焦距120mm 　⭕ 光圈F3.2 　〰 快门速度1/400s 　📷 感光度100

↑侧逆光下拍摄草地上的女孩，人物轮廓鲜明，正面的合理补光保证了主体面部的清晰展现

达人支招

▌逆光、侧逆光条件下拍摄时，如何避免眩光

在逆光或侧逆光环境下拍摄，画面很可能会出现眩光，这种眩光利用得好，可以为画面增添美感，如为人物制造朦胧光雾；但如果处理得不好，就会破坏画面的整体氛围，所以，拍摄者一定要引起重视，在拍摄时遮光罩一定是必不可少的，因为它能有效避免直射光进入镜头，从而避免眩光在画面中出现。如果在某个能捕捉到美好画面的角度，连遮光罩都无法避免直射光进入镜头，拍摄者可以请旁边的人帮忙，根据光线照射的方向，用报纸、衣物等在相机上方遮挡光线，以达到避免眩光的目的。

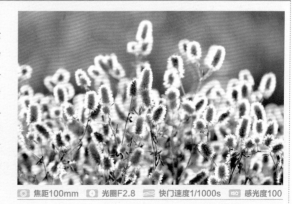

🔘 焦距100mm 　⭕ 光圈F2.8 　〰 快门速度1/1000s 　📷 感光度100

≫ 逆光

　　逆光又称为轮廓光，一般是指从被摄体正后方照射过来的光线，大约与镜头光轴呈180°夹角。逆光下的被摄体都会形成一圈金色的轮廓边缘，是摄影中的一种重要表现手段，具有很强的表现力和感染力。

　　逆光拍摄时，被摄主体刚好在相机和光源之间，被摄体阻挡了光源照射到它的正面，容易使拍摄出来的画面主体曝光不充分。一般情况下应该避免使用逆光拍摄，但是巧妙运用逆光，却可以拍出独特的艺术效果。

　　在逆光下拍摄农作物、花草、人物等，可以回避一些细节，突出被摄体的轮廓，明显将被摄体从环境中分离出来。

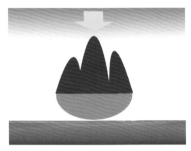

▲ 逆光示意图

◎ 焦距50mm　◎ 光圈F1.4　快门速度1/160s　ISO 感光度100

←一逆光下活泼的小女孩，阳光为她镶上一圈明亮的轮廓边缘，增强了画面的表现力

◎ 焦距90mm　◎ 光圈F2.8　快门速度1/400s　ISO 感光度100

↓逆光条件下拍摄海边停留的船只，描绘出一种独特的意境

用逆光拍摄，多会使用点测光模式测光，针对不同测光点做多次尝试，以得到不同明暗效果的画面，再利用曝光锁定键重新构图，如果要拍摄逆光的剪影效果，则需要选用点测光模式，针对光亮处测光，使被摄主体因曝光不足而形成剪影。

焦距50mm　　光圈F2.8　　快门速度1/500s　　感光度100

↓逆光拍摄的剪影人像，省略了细节，轮廓清晰，给人无限遐想空间

>> 顶光

顶光是指来自被摄体正上方的垂直光线，与镜头光轴构成约90°夹角。顶光实际也属于侧光的范畴，只是光的方向是自上而下的，如正午的阳光。

在风光摄影中，顶光会使景物的上方比较明亮，下部留下浓重的阴影。但如果没有云层的衬托，从而无法表现景物明暗反差的节奏感，就不太适合拍摄风光。

▲ 顶光示意图

◎ 焦距310mm　◎ 光圈F5.6　≋ 快门速度1/800s　ISO 感光度100

←顶光拍摄的含苞待放的花朵，上方明亮，下方有阴影，较好地凸显出花朵的美

◎ 焦距310mm　◎ 光圈F5.6　≋ 快门速度1/800s　ISO 感光度100

↓云层的遮挡在地面形成了浓重的阴影，而透过云层的阳光又直接洒向大地，让山凹与周围的山体形成了较强烈的明暗对比，这种反差效果给画面增加了美妙的层次感

在人像摄影中，顶光会使人物面部的下眼窝、两腮和鼻下产生阴影，头顶、前额、鼻尖却很亮，造成一种奇怪的人物形象，所以拍摄人像时一般要避免使用顶光。

而在顶光环境中拍摄人像避开顶光的方法也很多：拍摄者可以选择在树荫或是有物体遮挡的阴影区域进行拍摄，但利用树荫避开顶光时要注意避免树叶投射下的光斑落在人物的面部；拍摄者还可利用手边的道具，例如帽檐较宽的遮阳帽，或是一把遮挡面积较大的伞，也能避开正午顶光的不利影响。

焦距50mm　光圈F2.5　快门速度1/2500s　感光度100

↓ 在顶光环境下拍摄人像，拍摄者用遮阳帽为人物挡住顶光，使其不能照射到面部，画面柔美自然

1.4　光线的时段

自然光线千变万化，一天中，不同时段的光线也有着不同的表现力，细分起来可划分为四段：清晨光线、上下午光线、正午光线和黄昏光线，本节以时段的具体划分来讲述各时段的光线特点和表现效果。

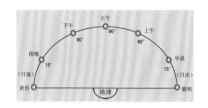

≫ 清晨光线

清晨时刻的光线从光源位置渐变扩散，与天空融合，在几分钟之内画面色彩就能有不同的表现。拍摄者如果抓住这种变化，就总能拍出的绝佳的画面效果。

◎ 焦距200mm　　◎ 光圈F11　　≋ 快门速度1/40s　　ISO 感光度50

清晨的太阳在地平线上被云层遮住，云层透着暖黄色的光芒，拍摄者隔着大桥远眺，画面透着温暖而舒适的感觉

清晨的日出前后，色温较低，容易拍出暖色调的效果，加上此时的光线比较柔和，受光面与阴影面的反差适中，能够很好地表现被摄体轮廓特征。拍摄者想要表现此时的朝晖，可以灵活变换拍摄的角度和表现手法，如留意此时地面上的景物所产生的光泽、景的投影等，表现出清晨光线的一种别样美丽。

随着太阳慢慢升起，色温将不断升高，所以日出时，被摄体被金灿灿的阳光照射出令人愉悦又充满希望的暖色调。

一般而言，应选用自动白平衡配合RAW格式应对不断变化的色温，抓住太阳冲破云层，向被摄体投射出的温暖光线，丰富画面的色彩之时，让画面具有更强的表现力。即使自动白平衡不能正常还原现场光线，也可以在后期处理时进行调节。

📷 焦距50mm　◎ 光圈F13　≋ 快门速度1/125s　📷 感光度100

↑拍摄者将视线放在被清晨光线照射的树林，暖色的光线穿透树木枝丫，安静、祥和而美丽

📷 焦距275mm　◎ 光圈F5.6　≋ 快门速度1/250s　📷 感光度100

↓太阳冲破云层照耀大地，这时的光线还是暖色调，地面的景物也被染上一层温暖色彩

≫ 上、下午光线

如果说清晨光线的色温变化大，那么上午和下午的光线就具有较为稳定的色温，同时，它还具有较强的表现力，利于拍出多样的造型美感。

晴朗的上午或下午是拍摄优美风光的一个绝好时机，这时太阳已经升到一个较高的位置，能够更全面地照射被摄体。在拍摄时要选好角度和光线的方向，一般情况下前侧光或侧光最能突出景物的立体感和质感。在实际拍摄时，拍摄者可以变换不同的角度进行拍摄，以得到多样造型的景物。

◎ 焦距10mm   ◯ 光圈F22
〰 快门速度1/250s   ☞ 感光度100

←利用上午的光线，站在山顶拍摄秀丽风光，景色宜人而大气

◎ 焦距145mm   ◯ 光圈F5.6   〰 快门速度1/250s   ☞ 感光度100

利用晴朗的下午光线，拍摄花间嬉戏的蝴蝶，画面明丽

上、下午光线的测光技巧

晴朗天气的上、下午时分，光线从天空照射大地，自然环境当中的每个物体都沐浴着阳光。利用此种光线拍摄，首先要考虑被摄体受光面与背光面的面积比例，最好选择前侧光来兼顾立体感和外形特点，这样就能保证主体大部分面积处于亮部，得到较为明亮的画面。

注意在测光时最好将测光点放在被摄体本身较亮部分，最好采用点测光模式来保证画面亮部的曝光准确，如果有必要，可以适当增加曝光补偿。

上、下午的光线极富影调魅力，各位影友一定要抓住机会，选择不同光位拍摄，提高画面的成功率。

焦距135mm　　光圈F2.8
快门速度1/800s　　感光度160

焦距135mm　　光圈F2.2　　快门速度1/4000s　　感光度250

↑在比较柔和的下午光下拍摄人像，女孩肤色白皙，质地细腻，温柔妩媚

这个时段的光线有利也有弊，不利之处在于此时光线方向性较强，这个时段的直射光线不利于人像的拍摄，拍摄者应选择有较厚云层遮挡的晴天上午拍摄人像，并在反光板配合下，很好地表现人物，突出人物细腻肤质。

≫ 正午光线

摄影师一般都不选在正午直射的日光下进行拍摄。因为正午时分是一天之中太阳升至最高的时段，这时的光线强烈硬朗，照射在被摄体上多属于顶光，无论从哪个角度拍摄都缺乏阴影，让拍摄出来的画面生硬而缺乏层次。

但是，在有些时候，我们也正需要正午的强烈光线来表现别样的美感，例如拍摄建筑，正午的顶光刚好能使建筑上部明亮而下部有阴影。

正午的光线特点鲜明，局限性较大，所以并不是在所有场景我们都能运用正午的光线拍出满意的照片，但是巧妙的构图可以在一定程度上弥补这种光线的不足，很好地拍摄出的正午时的美景。

📷 焦距168mm ⭕ 光圈F16 〰 快门速度1/400s ISO 感光度200

←正午的强烈阳光照射在建筑顶部，明暗部反差很好地表现出屋顶表面的质感

📷 焦距135mm ⭕ 光圈F2.2 〰 快门速度1/4000s ISO 感光度250

↓正午时分的草原，牛羊悠闲地啃着草，拍摄者选择低角度拍摄，避开了地面的杂乱影子，画面干净清爽

在强烈的日光下拍摄时，使用偏振镜是十分必要的。这样可以使被摄体色彩更加饱和，带来意想不到的视觉冲击力。

◎ 焦距90mm　◎ 光圈F11　⊟ 快门速度1/800s　ISO 感光度100

正午阳光下，使用偏振镜拍摄的风景画面，色彩艳丽，画面十分亮眼

❯❯ 黄昏的光线

黄昏光线跟日出时的清晨光线相似，而黄昏之后的光线，则是太阳在半落下或完全落下时天空仅剩下的光线。

日落的过程中，太阳在天空中的位置越来越低。光线照射的角度越低，方向性就越强。这为风景创造了很特别的低位光，这样的光线具有很特殊的造型效果。这时选择逆光位拍摄，被摄体的细节被省略，勾勒出美好的轮廓剪影，而周围的环境光往往是温暖的色调，画面就有了明确的明暗对比。

◎ 焦距33mm　◎ 光圈F6.3　✎ 快门速度：1/125s　◎ 感光度100

←黄昏时分，日落后的天空还泛着一些淡淡的红光，并表现出通透的蓝色

◎ 焦距260mm　◎ 光圈F16　✎ 快门速度：1/160s　◎ 感光度100

↓黄昏时分，日落时，利用逆光拍摄的画面，远山、踏水的人物都形成剪影，画面轮廓感强

焦距22mm　光圈F22　快门速度：1/20s　感光度100

↑日落后天边一抹美丽的云霞，画面以水边的树枝为前景，更加充实饱满

黄昏之后，太阳逐渐没入地平线，光线逐渐暗下来，巧妙利用这个时候的光线拍摄，能拍出不一样的效果。如运用黄昏后的顺光，则会让被摄体的正面染上一层温暖的红色光彩。

当太阳完全没入地平线，这时的太阳虽然位于地平线下面，地面的光线非常少，但光线仍会照射到天空中，经过云层反射就成了柔和美丽的霞光，经过反射的光线色调更加瑰丽奇妙。在彩色天空的映衬下拍摄是表现晚霞的极好机会。

达人支招

▌怎样利用晨昏光拍出视觉冲击力

日出和日落前后的晨昏光是一天中色彩最富变化的光线，要抓住这些时段的光线，首先要注意拍摄时段的选择，一般而言，日出光线最佳的时间段是早上五六点左右，当感受到天空被暖调的晨曦笼罩时即可拍摄；日落光线的最佳时间段应该是晚上七八点左右，此时太阳接近地平面，环境中笼罩着利于拍摄的红黄色。

在光线角度的选择上，多以逆光或侧逆光表现，让主体的轮廓得以突出，并保证画面的简洁。

焦距28mm　光圈F8　快门速度1/60s　感光度100

1.5 不同季节的光线

一年四季随地球公转不停循环，春夏秋冬的季节变换，产生了丰富的光影效果，这些光影变化正好为拍摄者提供了很好的拍摄条件，所以本节以季节的变化来划分光线，让影友能清晰明了地认识光线在各季节的独特表现力。

>> 春季的光线

春天阳光明媚，万物复苏，是个适合拍摄的季节。在春季摄影，最主要的莫过于捕捉春天的信息，描绘春意，而春天的阳光比较柔和，色彩很丰富，光线没有夏天那么炙热硬朗，也脱离了冬天的冷清，显得更细腻，画面也比较干净。

| 焦距70mm | 光圈F3.5 |
| 快门速度1/60s | 感光度100 |

→春天嫩绿的枝叶，在侧逆光的照射下更显透明质感，背景虚化的树叶也增强了画面的通透感

◎ 焦距50mm　　❀ 光圈F13　　〰 快门速度1~320s　　ISO 感光度100

春季里，散射光下的樱花树绿草地，表现出一种苏满生机的盎然生机

春季的光线，适合各种题材的摄影，甚至可以说是大自然对摄影师的馈赠。春天的花朵、动物、人像、风景、建筑等题材，都能表现出朝气蓬勃或是洋溢一些小情趣的效果。

◎ 焦距130mm　⊕ 光圈F2.8　快门速度1/320s　ISO 感光度100

晴朗天气下，女孩站在花丛中，对着镜头微笑，画面清新自然

◎ 焦距150mm　⊕ 光圈F4　快门速度1/320s　ISO 感光度100

在春天的散射光下拍摄的小花，大光圈将背景虚化成一片绿影，主体突出，春意十足

>> 夏季的光线

　　夏季绿树成荫，蝉鸣鸟叫，到处一片生机。夏季的光线通常具有明亮和硬质的特点，所以夏季的色彩强烈。拍摄时要避免眩光带来的模糊和对成像的影响，也要注意避免不必要和难看的影子的产生。

　　夏季阳光明媚，特别是在中午，光照特别强，角度也很正，需尽量避免正午顶光，拍摄时间大概以上午十一点前和下午四点以后为宜。

　　夏日光线较强，自然风景的表现适合用大景深，人像拍摄时需要注意寻找阴影（如树荫等）来减弱光线，并对人脸阴影部分补光。也可通过改变取景角度，避开不必要的影子，让照片看起来更加干净整洁。

◎ 焦距150mm　◎ 光圈F4　≋ 快门速度1/180s　ISO 感光度100

←夏日清晨拍摄的娇艳荷花，花朵色彩得到较为真实地还原，花瓣层次丰富，美不胜收

◎ 焦距38mm　◎ 光圈F8　≋ 快门速度1/200s　ISO 感光度100

↓夏日海边牵着骏马的女孩，帽子宽大的帽檐为其遮挡了强烈阳光，画面清新自然

▶▶ 秋季的光线

"三春不如一秋忙"。秋天是一个丰收的季节，天气晴朗，阳光比夏天弱，能见度高，光线很清爽，色彩很丰富。

秋天，大部分植物开始泛黄，拍摄者要充分利用好此时的自然光线，如可以利用点测光来拍摄树叶在逆光情况下被光线透射时的场景，以表现秋天的美丽，把丰富的色彩表现在画面中。

此外，秋天的天空也是很有魅力的，取景时可以天空作为背景，这样更能表现出秋天的季节特征。

📷 焦距95mm　　⬡ 光圈F13　　〰 快门速度1/180s　　🔲 感光度100

↑秋日逆光下的枫叶呈现金色，轮廓鲜明，光线将秋天的鲜艳色彩很好地表现出来

📷 焦距35mm　　⬡ 光圈F13　　〰 快门速度1/320s　　🔲 感光度100

↓以枫树为前景拍摄秋日景色，背景带入蔚蓝的天空，画面很好地展现出秋高气爽的季节特征

秋日的丰富色彩和清爽光线也可以用来拍摄人像，将人物置身于秋季多彩的环境中，用秋季独有的色彩去衬托人物气质。拍摄时最好选择晴朗天气的阴凉处或是多云天气的散射光，以细腻的画面表现人物的美。

◎ 焦距95mm　◎ 光圈F2.8　≋ 快门速度1/6s　⬚ 感光度160

↓女孩走在秋日金黄一片的银杏间，多云天气的散射光使画面色彩还原度较高，人物细腻柔和

冬季的光线

冬天是寒冷的，冬天的光线较为荒凉，色彩没有秋天丰富，画面较单一。

冬季因为雨雪的缘故，常常遇到多云天气，而出现散射光。如果在拍摄雪景时遇到太阳光，将是表现不同摄影题材的好机会，可以形成强烈对比，质感能得到很好地凸显。雪景也是非常好的背景，可以用来突出主题。

焦距20mm　光圈F16　快门速度1/100s　感光度100

→冬日白雪皑皑，拍摄者以散射光表现被冰雪覆盖的树木，背景的天空有一抹暖色，为冬日的清冷画面增添一丝生机

焦距135mm　光圈F18　快门速度1/500s　感光度100

↓冬日的晴朗天气里，白雪在阳光的照射下，表现出很强的质感，画面的空间层次丰富

雪会影响相机的测光，这时需要拍摄者手动调整曝光。冬天的雾气虽然较重，但可以利用这样的雾气使图片显出神秘感。

拍摄者利用冬日的雾气拍摄的风光画面，给人一种缥缈的神秘感

1.6 光线运用的要点

好的摄影师可以让光线"听话"，使其能够以最佳状态表达主题，突出主体。本书已经从各个方面将光线进行了划分，大家也了解了关于光线的基础知识，而现在，如何运用光线就成为眼下影友们最关心的问题，也是最需要掌握的技巧了。本节将结合实例为影友们讲解光线的运用要点。

❯❯ 掌握光位

在摄影用光中，光位的选择是很重要的。在直射光下拍摄，拍摄者必须根据主体本身的特点以及环境元素来调整光位，保证画面的良好呈现。

在拍摄风光时，要根据主题来构思创意，用光线表达出不一样的画面效果。拍摄前可以尝试选择多种机位来得到不同光位，最终确定最为满意的拍摄角度。这里为大家提醒一点，一般来说，逆光和侧逆光创意的空间较大，容易得到精彩的照片。不过，用这两种光线拍摄时，最好选择点测光模式搭配合适时测光点，特别是逆光拍摄时，要想得到剪影，最好将测光点选择在画面高亮部分。

📷 焦距35mm ⭕ 光圈F11 ⚡ 快门速度1/300s 📷 感光度100

↑ 侧逆光拍摄的砂岩，光线照亮了拍摄者想要表现的部分，而其他部分都处在阴影中，画面光影层次丰富

📷 焦距145mm ⭕ 光圈F8 ⚡ 快门速度1/160s 📷 感光度100

↓ 逆光拍摄的古城楼，省去了场景中的一些杂乱的细节，整体轮廓得到很好突出

在拍摄户外人像时，为了突出人物的面部特点，展现环境高亮的特征，选择正面光、前侧光位置为宜，正面光可以突出正面形象，但光线不能强烈；前侧光则有利于表现人物轮廓的立体感。如果非要利用侧光、侧逆光或者逆光拍摄，需要注意测光点和测光模式的选择，保证主体的突出。

⊙ 焦距23mm　　◎ 光圈F4　　～ 快门速度1/60s　　ISO 感光度160

↓拍摄者选择前侧光拍摄照片，人物表情自然，立体感较强，人物气质得到很好凸显，画面层次也比较丰富

>> 讲求光比

光比是指在一个场景中受光面与背光面的明暗比例。如果整个画面受光均匀，光比就是1:1，而如果画面中亮部受光是暗部的两倍，光比就是2:1。

光比在人像摄影当中最为常见，特别是在摄影棚内拍摄时，灯箱的不同输出量搭配人物的角度站位，就会使画面得到不同的光比效果。一般来说，大光比易表现立体轮廓感，带有一定刚硬的气质；小光比虽然也能得到一定的立体感和光影变化，却相对柔和。

▶ 以同一模特的人像光比大小对比图为例，光比较大的画面中人物受光面与背光面的明暗区别明显，展现出人物面部的立体感，但这种效果一般不适合表现女性。而选择光比较小的形式来表现女性，人物的面部表情得到很好展现，肤质也得到修饰

大光比人像图　　平光人像图

对于风光摄影来说，要体现风光景色，大光比更容易突出主体，吸引视线，同时还能以阴影部分遮盖不必要的元素，起到简洁画面的效果。小光比相对来说会让风光一览无余，但会使画面缺乏一点趣味性。

控制画面光比的手段除了主体本身光比的大小之外，相机宽容度、测光模式、测光点选择在整个亮度范围的什么位置都是需要影友们注意的。

小光比风光照片

大光比夜景照片

▲ 风光摄影也是一样，晴朗天气下拍摄的风光照片光比较小，环境当中大部分景物都较为清晰地呈现出来，而夜景照片的大光比突出灯光，让画面环境背景隐没在黑暗中，灯光清晰，主体突出

拍摄者需要注意，光比的控制是需要拍摄者长期锻炼的一项技术，究竟哪种光比最适合表现主体，并没有绝对的规定，只有不断地拍摄和总结，才能够在拍摄时游刃有余地运用。

第 2 章
光线与色彩

不同的光线在表现景物或人物的色彩方面，具有迥异的特点。除了掌握"色温"与
"白平衡"两个重要概念，我们还要理解不同色调与影调所带来的不同情感。

2.1　色温与白平衡

色温和白平衡对照片的色彩效果具有一定的影响。了解色温对选择恰当的白平衡有着重要作用，也有利于正确设置白平衡以更好地还原画面的本身色彩。

≫ 色温的概念与作用

色温，按字面意思就是色彩的温度。光线有不同的色彩，那会有不同的温度吗？物理知识告诉我们，在温度为绝对0度时任何物体都是纯黑色的，当物体受热时就会发光，随着温度的上升物体会出现不同颜色的光，从红色到蓝色逐渐变化。这就是说当看见发出某种色光的物体，就可以判断出它的温度，色光与温度之间一一对应。知道这个关系以后，拍摄者就可以利用色温来表示光源。

色温是表示光源光色的指标，用K为单位。室外光源相对固定，色温也相对稳定，而室内光源由于发光体差异较大，其色温范围也有所不同。钨丝灯是将灯丝通电加热到白炽状态而发光的电灯，其色温在2800K～3400K。荧光灯是包括日光灯、节能灯等通过荧光粉发光的电灯，因其种类繁多，所以色温范围也很大，从2800K～5500K都有。

低 ← ─────────────────────────────→ 高

不同色光的色温高低不同

在摄影时，影响画面的关键要素有很多，如光影、对比度、景深、色彩、构图等，而影响色彩的，就是色温。它掌控着照片的冷暖、颜色的取向和画面的风格。色温高，则画面暖，反之，则画面冷。所以，想要拍好照片，就一定要掌握好不同色温对色彩的影响，因为即使是同样的场景，通过色温控制，也能明确地表达出不同色彩感觉的画面。

一日之内，太阳光的色温并不是固定不变的，而是随时间的变化有规律地变化。早晚偏低、中午偏高。虽然并不是每一刻阳光的颜色都是一样的，但它会随着太阳的移动而变化。如早晨我们往往看到天空慢慢变成鱼肚白；而天黑之前则是一片金灿灿的暖阳洒下落日的余晖。有时候，通过观察光的颜色，我们也就能大概知道当时的时间。

朝阳夕阳　　白炽灯　　正午的太阳　　阴天　　晴天阴影处

1800K　4000K　5500K　8000K　12000K　16000K

↑ **不同光线下的色温**

时间	色温
正午日光	约5500K
日出或日落前40分钟	约2900K
日出或日落前1小时	约3500K
日出或日落前3小时	约4500K

≫ 白平衡的概念和作用

数码相机在拍摄过程中，很多影友会发现荧光灯的光看起来是白色的，但相机拍摄出来却有点偏绿，人眼之所以把荧光的光看成白色的，是因为人眼进行了修正。但是，由于感光元件本身没有这种功能，因此就无法得到和人眼观感相同的效果，这时，就有必要对输入的光信号进行一定的修正，这种修正就叫做白平衡。

现在的数码相机都提供了白平衡调节功能。一般而言，白平衡有多种模式，以适应不同的场景拍摄。如：自动白平衡、钨丝灯白平衡、荧光白平衡、室内白平衡、闪光灯白平衡、手动白平衡等。

自动白平衡是大部分数码相机的默认设置。相机中有一个复杂的结构，它可决定画面中的白平衡基准点，以此来达到白平衡调校。它的适用范围比较广，但是它并不适用于任何场合。在室内光线下拍摄时，效果较差；而在多云天气下，许多自动白平衡系统也会失准，从而可能会导致照片偏蓝。

了解了白平衡后，在拍摄过程中，就要熟练地根据场景环境来设置所需的白平衡模式，这样才能更好地表现和捕捉到精彩的画面。

佳能EOS 7D的白平衡设置	尼康D800的白平衡设置
 在开机状态下按下白平衡切换按钮，控制面板将只显示白平衡状态和拍摄模式。	 在开机状态下，按下相机顶部的**WB**键
 转动机身背部拨轮，即可快速切换白平衡模式	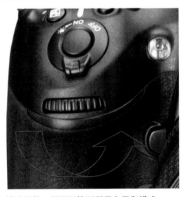 转动拨轮，即可切换到所需白平衡模式

◀ 灰卡

平举的手动设置白平衡的参照物应当是拥有反射90%光线能力的白色物体，一般使用白纸即可。但想要使用专业且标准的参照物的话，那么可以购买一张灰卡，灰卡是一张由灰色面和白色面组合而成的厚纸板。灰色的面用于测光，白色的面用于设定白平衡。

≫ 正确设置白平衡 还原正常色彩

设置白平衡是摄影的技能要素之一。简单地说，调整白平衡就是为了在照片中尽量准确地还原场景颜色。不同光源的色温不同，人眼具有自适应能力，会对其自行调节，但数码相机不会做这种自动调整，所以，我们经常需要来"告诉"相机如何处理和还原在不同色温下的光线色彩。

数码相机的默认设置通常为自动白平衡，这种自动白平衡模式的准确率非常高，但是在光线不足的条件下拍摄时，效果较差。比如，在多云天气下，许多自动白平衡系统的效果极差，它可能会导致偏蓝。自动白平衡模式最大的优势是简单、快捷。但有时按它的调整拍摄离准确的色彩还原相距甚远，而且有时它还会帮到忙，尤其是在以闪光灯或影室闪光灯作光源时，更不能选用自动白平衡模式，它只能在恒定的连续性照明状态下使用。

▲ 此场景使用了正确的自动白平衡模式

▲ 此场景使用了错误的白平衡模式，画面偏蓝

现在的数码相机都提供了白平衡调节功能，一般有多种白平衡模式，以适应不同的场景拍摄，如：自动白平衡模式、钨丝灯白平衡模式、荧光白平衡模式、室内白平衡模式、闪光灯白平衡模式、手动白平衡模式等。设置了相应光源的白平衡模式，就能得到正确的色彩还原。

◉ 焦距400mm　　◎ 光圈F6.7
▱ 快门速度1/160s　　ISO 感光度100

←使用自动白平衡模式可以对所有光源的特有颜色进行自动补偿，对多种混合光源也有补偿效果

这里就以佳能数码单反相机为例，详细说明手动白平衡模式的操作步骤：

❶取下镜头盖，打开相机的电源

❷将拍摄模式调至P、Av、Tv、M模式中的一个

❸按下白平衡选择按钮（AF·WB），可发现液晶显示面板上出现了目前白平衡模式对应的符号

❹旋转相机背面的快速拨盘，将白平衡模式切换到手动白平衡模式后再按下白平衡选择按钮，完成设定

❺放置一张白纸在被摄物体前面

❻调节镜头焦距使白纸占满整个画面

❼为了能让相机对白纸对焦，需将要就相机改为手动对焦模式并对焦

❽按下快门，完成拍摄

❾按下MENU键，进入设定菜单

❿转动快速拨轮，选择自定义白平衡

⓫按下快速拨轮中间的设置（SET）键

⓬此时，刚才拍摄的白纸就出现在屏幕上，再次按快速波轮中间的设置（SET）键就完成手动白平衡的设定了

◉ 焦距47mm ◉ 光圈F10 〰 快门速度1/320s ISO 感光度100

↑使用自动白平衡模式拍摄的树叶，颜色比肉眼看到的更深，色彩艳
丽度较差

◉ 焦距47mm ◉ 光圈F10 〰 快门速度1/320s ISO 感光度100

↓使用刚才设定的手动白平衡模式再次拍摄，拍出的树叶色彩亮丽，
翠绿如新

增加画面的冷色气氛

冷色调给人寒冷的感觉，拍摄冰天雪地时，更改相机色温模式，使冰雪呈现蓝色，加强寒冷的视觉印象，使人有身临其境之感。在现实生活中，我们所看到的雪都是白色的，常在一些画报或杂志上看到的有雪景是蓝色的，有的雪景是金黄色的。这其实和相机的白平衡模式的采用有关系。

为了强化冰雪世界冰冷的气氛，我们常常希望把冰雪世界变成蓝色。这时候就需要对数码相机的白平衡进行设置，最简单的方法即可以将白平衡模式设置为荧光灯白平衡模式；也可以将数码相机的自定义白平衡设置在4000K~4500K这样一个较低的色温值区间。

◉ 焦距35mm　◉ 光圈F16　〰 快门速度1/20s　▣ 感光度100

↑拍摄冰雪画面时，为了强调雪景画面的冷色气氛，使用了荧光灯白平衡模式，画面呈现出蓝色的效果

增加画面的暖色气氛

在正常光线下看起来是白颜色的东西，在较暗的光线下看起来可能就不是白色。不同模式的白平衡适应不同的拍摄场景。在拍摄夕阳时，想拍摄出那种被金黄色的太阳余晖笼罩的感觉，可以使用阴天白平衡，这样可以加强画面的橙黄色调，从而获得更好的环境氛围。

◉ 焦距135mm　◉ 光圈F8　〰 快门速度1/160s　▣ 感光度100

↓拍摄落日画面时，使用阴天白平衡模式，可以增加画面的暖色气氛

其实，只有将理论付诸实践才能感受到摄影的魅力所在。并不是准确的白平衡模式就能拍出最好的效果。有时故意的错搭反而会有意想不到的效果，可以烘托出不一样的气氛。因此，灵活运用白平衡模式可以帮我们做到这一点。

📷 焦距85mm　⭘ 光圈F11　📏 快门速度1/60s　ISO 感光度100

拍摄冰雪场景时，将白平衡设置成阴天白平衡模式，画面就会出现暖色的效果

2.2　不同天气的色调和色彩情感

所谓"远看色彩近看花"就表明了色彩对于人的视觉来说起着先声夺人的作用。生活中要是没有色彩，那么将是苍白、暗淡的，而摄影没有了色彩就失去了魅力，画面将没有生气。因为有了色彩，我们的世界和生活才具有魅力。

不同的物体反射和吸收光波的波长不同，所呈现出的色彩也各异。例如，我们看见了红色的花，是因为这朵花有反射红色光和吸收其他光的特性，反射出来的红色光对我们的视觉产生作用，因此这朵花看起来是红色。可见，光与色的关系是十分密切的，了解光与色彩的关系有助于影友们在拍摄时更好地利用和突出色彩的情感。

》 明媚阳光下的色彩表现

明媚的阳光属于直射光。而直射光过于强烈，产生的光比较大，往往会破坏被摄物体的细节和本身色彩。在选择被摄物体和拍摄题材时必须有所取舍，否则，很难达到整体曝光准确。这时就要考验摄影师对光线的把握能力和经验是否丰富。直射光的优点是可以很好地突出被摄物体的反差变化和明暗对比效果，可以更好地塑造体积感，然而缺点也很明显，就是很难表现被摄物体的色彩全貌和丰富的色彩细节。

由于自然界的直射光均产生在晴朗天气，此时空气透明度高，所以拍摄的画面感觉很艳丽。其实，单从被摄物体上看，由于光比较大，亮部和暗部的颜色与物体本身颜色相差很大。

利用这些特点，摄影师可以选择无需突出物体颜色的题材和景物进行创作，适合表现具有空间感和体积感的题材。

直射光曝光准确后色彩浓烈，体积感强，但由于感光元件对光线的宽容度有限，亮部和暗部的色彩反差大，容易造成亮部曝光过度，无法还原真实色彩的情况。对于色彩浓艳的物体，直射光条件下拍摄容易导致层次丢失。

◎ 焦距28mm　　◎ 光圈F8　　◎ 快门速度1/250s　　ISO 感光度100

↓直射光下拍摄色彩各异的花朵，可以看出画面中部分花朵的色彩受到损失，没能将花朵的色彩完整展现

>> 雨后散射光的色彩表现

雨后初晴带给人们清爽的感觉。因为大自然的一切都被之前的雨水冲洗得非常清透、鲜亮。这时的光线变化也是丰富多样的，既可能出现较强的直射光，也可能出现柔和的散射光。但一般都是散射光。无论是哪一种光线，雨后自然界中的各种景物都会表现出非常饱和的色彩和细腻的质感。

阴天环境里的散射光几乎没有方向性，不会让被摄体形成明显的受光面和阴影，却会让被摄体呈现出丰富的细节，使其具有最佳的色彩饱和度。这种光线适合用来表现安静、柔美和具有意境的风光摄影作品。

这种光线可以使照片呈现更为丰富的细节，忠实还原被摄物体的本来色彩，而画面颜色更趋于饱和，对于表现丰富色彩和物体层次细腻的拍摄对象，散射光最为理想。散射光曝光准确后色彩还原真实，被摄体细节丰富，层次细腻。由于散射光光比均匀，导致暗部细节也能得到良好表现，曝光相对容易控制。对于色彩本身比较浓艳的物体，散射光更容易表现层次。

🎞 焦距80mm　🔘 光圈F5.6　⏱ 快门速度1/160s　ISO 感光度100

↑雨后的散射光下，红色花朵和绿色枝叶的色彩被较好地表现出来，而色彩饱和度也得到体现

🎞 焦距28mm　🔘 光圈F16　⏱ 快门速度1/320s　ISO 感光度100

↓雨后散射光下的古镇水乡，清新安宁，利用红色灯笼来打破古镇灰色的风格，起到了引导视线的作用

>> 阴霾天气里光线的色彩表现

阴霾天气是指大量极细微的灰尘粒浮游在空中，使空气混浊，能见度较低的一种天气。此时，空中似云非云、似雾非雾，天空从早到晚都是灰蒙蒙的。

由于阴天时空气中水汽大，物体上的反射光在穿过一定的空间到达镜头的过程中，光量会有比较明显的变化。在这种情况下，有助于表现景物的空间感和距离感，而空间感和距离感正是摄影师拍摄风光作品时所刻意追求的效果。在这种情况下，摄影师一般要先选择好一个前景，如果没有前景的衬托，空间感和距离感就会被削弱，整个画面的感染力也就丧失了。

由于天空中云层较厚，使得光线柔和，没有方向性，所以拍出的照片画面反差较小，明暗交界模糊，阴影不明显。

焦距180mm 光圈F13 快门速度1/250s 感光度100

↑在阴霾的场景中，将水面中的游船作为主体，与远处的山脉形成画面的层次感

焦距175mm 光圈F18 快门速度1/320s 感光度200

↓在阴霾天气下拍摄时，可以利用其特点，拍摄出浓淡相宜的水墨画面

焦距80mm 光圈F6.7 快门速度1/90s 感光度100

↑太阳落山后，太阳光线比较微弱，大部分的天空都还属于蓝色，天空中还有云层的衬托，这是表现天空的最佳色彩

≫ 晴朗天气里晨昏光线的色彩表现

　　自然光在一天之中从早到晚的变化是相当大的。不过对于风光拍摄者来说，无论怎么变化，选择清晨或黄昏的光线来拍摄都是最佳的选择。

　　日出之前太阳从地平线上升起和日落之后地平线仍在太阳的余晖照耀下，这两个阶段被称为晨昏照明时刻。此时这种光线色温非常低并且非常柔和，能够照亮且染红地平线附近的天空。选择有光亮的天空作为拍摄对象，用相机记录太阳升起之前的光影变化是表现黎明最好的方式。

　　晨昏时刻的光线被誉为摄影的最佳光线，因为它具有照射角度低、光线柔和、色温低的特点，能够理想地表现出景物的形态和细节。同时，这个时段光线的颜色非常艳丽，呈现出浓郁的红色、橙红色。这种光线下的各种景物也将被染上浓郁的红色或橙红色，这时拍摄的风光画面会更具感染力。

焦距53mm 光圈F22 快门速度1/40s 感光度160

↓清晨金色的阳光温暖了天空，温暖了大地，飘摇的芦苇在这样的光线下也更多姿了

焦距38mm 　光圈F5.6 　快门速度1/125s 　感光度100

↑逐渐消逝的晚霞清晰地勾勒出地平线的轮廓，深色的景物与天空
中的彩霞形成对比，增加了画面的趣味性和空间感

　　晨昏光的亮度也比较低，但具有明显的方向性，无论在此时拍摄什么景物，只要曝光合适都可以得到很细腻的效果。当太阳上升到一定的高度，大地上的景物开始被照亮，披上金色的外衣，留下长长的身影，这时的色彩和影子都是风光画面表现的重点。

　　如果天空稍亮又有丰富的色彩变化，被摄物体的轮廓又很漂亮，也可以将其拍摄为剪影或半剪影效果。拍摄剪影时，控制曝光要以太阳周围的天空亮度为基准，这样既可以保证太阳周围富有特点的云层、霞光得到准确的曝光，表现出最佳的层次，又能让画面中的前景呈现出增强纵深感的剪影。

焦距120mm 　光圈F8 　快门速度1/320s 　感光度100

↑画面中的人物因为逆光中的晨昏光照耀而呈现出剪影，剪影和光线在画面中形成较大反差

67

第 **3** 章
摄影曝光的技术要领

高质量的影像需要以准确的曝光为基础，所以曝光是摄影最基本也最重要的一项技术。曝光说来很简单，只要调节好相机的光圈、快门和感光度几项参数就可以，但是要做到灵活运用，准确曝光，还需要深入理解影响曝光的各个要素及它们相互之间的关系。

3.1 相机的曝光要素

所谓曝光就是拍摄者调节好光圈与快门速度，按下快门，在快门开启的瞬间，光线进入相机镜头并使感光元件感光的过程。在此过程中，光圈控制光线通过的口径大小，快门控制曝光时间，感光度则控制感光元件对光线的感光敏锐度。

>> 光圈对曝光的影响

焦距135mm　光圈F5.6　快门速度1/250s　感光度100

在相机镜头中有一个由一些金属薄片组成的通光孔，它的孔径可以随意调整，用以控制进光量，这个控制进光量的装置就是光圈。我们可以通过光圈环来控制光圈的大小，光圈环上标示了一些数值，如F1.4、F2、F2.8就代表着光圈的大小。

相机中，完整的光圈系数是F1、F1.4、F2、F2.8、F4、F5.6、F8、F11、F16、F22、F32、F64等。数字越大表示光圈越小（如F22、F32），数字越小表示光圈越大（F1.4、F2）。

光圈的基本作用是用来调节进光量大小，它与块门配合解决曝光量的问题。在快门速度不变的情况下，将光圈调大，进光量就增多，画面变亮；将光圈调小，进光量就减少，画面变暗。

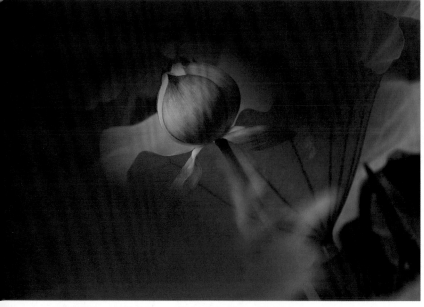

焦距135mm　光圈F11　快门速度1/250s　感光度100

↑对比这两幅焦距相同，快门速度相同的条件下拍摄的照片，光圈大的画面偏亮，光圈小的画面偏暗

光圈在控制进光量大小的同时也控制着画面景深的深浅。

景深，就是图像焦点位置（即最清晰处）前后我们眼睛所能感受到的清晰范围。景深也有浅有深，眼睛所能看到清晰范围越小，景深就浅；同理，眼睛所能看到的清晰范围越大，景深越深。

在保持曝光量不变的情况下，将光圈设置为大光圈，相对的曝光时间也缩短（快门变快）。虽然画面保持了曝光不变（亮度不变），但景深的效果却不一样了。采用较大的光圈拍摄的照片，得到的画面主体比较突出，背景变得模糊；而使用较小的光圈拍摄的照片，主体和拍摄背景都能得到比较好地表现。

◎ 焦距64mm　◎ 光圈F5.6　≈ 快门速度1/80s　ISO 感光度100

◎ 焦距44mm　◎ 光圈F5　≈ 快门速度1/640s　ISO 感光度100

↑光圈越大进光量越大，景深越浅，光圈越小进光量越小，景深则越深
由于设置了F5.6的较大光圈，因此画面的前后景都呈现出一定的虚化，主体被自然突出

◎ 焦距44mm　◎ 光圈F32　≈ 快门速度1/15s　ISO 感光度100

拍摄特写时一般采用大光圈，以获得浅景深来虚化背景。而拍摄大场景画面，则用小光圈，从而让主体和背景都得到表现。

◎ 焦距40mm　◎ 光圈F11　≈ 快门速度1/800s　ISO 感光度100

↑拍摄全景风光，因为需要让前后景都清楚，所以采用了小光圈拍摄。而拍摄人物特写时，为了让主体更突出，采用大光圈能达到最浅的景深，以让画面显得简单

◎ 焦距50mm　◎ 光圈F4.5　≈ 快门速度1/60s　ISO 感光度100

➤➤ 快门速度对曝光的影响

　　快门也是控制相机进光量的一种装置，当快门开启时，光线就照射到相机的感光元件上，快门开启的时间越长，进入的光线也就越多；反之，快门开启的时间越短，进入的光线也就越少。

　　对于快门的表示方法，也是使用相应的数字来表示，比如1/4s、1/60s等，它们分别表示让快门在当前设定的光圈孔径大小下保持开启1/4s、1/60s的时间。

　　在光圈大小保持不变的情况下，快门开启时间越长则进光量就越多，画面呈现较亮的效果；快门开启时间越短则进光量就越少，画面效果偏暗。

| 焦距90mm | 光圈F2.8 | 快门速度1/125s | 感光度100 |

| 焦距90mm | 光圈F2.8 | 快门速度1/1000s | 感光度100 |

↑采用手动曝光模式，拍摄前一幅的快门速度较慢，画面偏亮；拍摄后一幅照片时快门速度更快一些，画面效果偏暗

　　除了控制曝光量之外，快门还能表现图像静态或动态的视觉效果。高速快门可"冻结"运动中的图像，使其变成静态的视觉效果；而用低速快门拍摄运动中的物体，则会出现动态的视觉效果。

| 焦距60mm | 光圈F5 | 快门速度1/100s | 感光度100 |

| 焦距60mm | 光圈F29 | 快门速度1/2s | 感光度100 |

↑相同的曝光量下，用不同的快门速度拍摄旋转的风车。左图用高速的快门速度让运动的风车变成了静态；右图用低速快门，使风车运动的轨迹得以呈现

B门也叫"B快门"，是相机中比较特殊的快门，它开启的时间是不固定的，完全由拍摄者本人来掌握，所以"B门"又叫手控快门，适用于需要长时间曝光的拍摄。操作时，按下B快门按钮，快门打开，开始曝光，松开快门，快门关闭，停止曝光。为了得到溪水细如薄纱的效果也可以使用B门。夜间拍摄时的长时间曝光常常会用到B门，比如拍摄夜间的车流星轨。

焦距24mm　光圈F29　快门速度10s　感光度100

↑在这张画面中，该画面就是使用B门曝光的车流图，画面中呈现出的光带就是在B门下得到的车流轨迹

在学习拍照时前也许你还听说过一种快门——安全快门。所谓安全快门其实它并不是真正意义上的快门，而是一个被抽象出来的概念。在使用相机拍摄的过程中，也许很多拍摄者都有这样的印象：在光线昏暗的环境中拍摄，如果不打开闪光灯，拍摄的图像很容易模糊。或者是在采用长焦端拍摄时，画面也很容易出现拍虚的情况。为什么会出现这样的问题，这就是拍摄速度没有达到"安全快门"，相机抖动引起的。

所以谓，"安全快门"就是保证手持拍摄稳定的最低快门速度。高于这个快门速度，就能够保证手持拍摄的稳定性；而低于这个速度，拍摄时手的晃动有可能会造成画面模糊。

我们知道，快门速度是用秒来衡量的。那么，多少秒的快门速度，才能称得上是安全快门呢？实际上，这个安全快门并非是固定不变的，它与所使用的镜头焦距有关。其参考公式为：安全快门=1/镜头焦距的。比如拍摄者使用镜头的120mm焦段进行拍摄时，那么安全快门就是1/120s，拍摄者必须用不低于1/120s的速度拍摄才能保证画面清晰。

焦距135mm　光圈F6.5　快门速度1/40s　感光度100

焦距130mm　光圈F5.6　快门速度1/400s　感光度100

↑此时的焦距为135mm，当快门速度低于1/135s时，拍摄的画面出现模糊；反之，则能保持清晰

>> 感光度对曝光的影响

光圈、快门被很多影友所熟悉，对很多初学者来说，感光度往往不被重视。其实，要掌握好曝光，用好感光度依然非常关键。

感光度是衡量相机感光元件对光线感光敏锐度的参数，常用ISO值来表示。常见的感光度数值有50、100、200、400、800、1600、3200等，数值以倍数递增，如今最高的感光度已经扩展到了ISO102400。

实际上，在数码相机中，两挡感光度之间还有1/2或者1/3挡感光度的设定，如ISO160等。在数码相机中，默认的感光度为ISO100，这也是摄影师经常采用的感光度设置。感光度根据其数值的高低，可以分为以下几挡：ISO100以下的称为低感光度；ISO100至ISO400的称为中感光度；ISO400至ISO800的称为高感光度；ISO1600以上的则称为超高感光度。

感光度的高低会影响相机拍摄时的快门速度。同样的曝光条件下，ISO感光度的高低与快门速度成正比。当ISO感光度越高，快门速度越快；相对的，ISO感光度越低，快门速度则越慢。因此，在拍摄中如果遇到光线不足的拍摄环境，要想获得充足的曝光量，低感光度设置下的快门速度往往会比较慢，以至于拍摄者难以手持拍摄。因为相机的抖动会影响画面的成像质量，导致焦点不实，画面模糊。此时就可以调节相机的感光度来提高快门速度，同时又不减少曝光量。这对于无三脚架情况下的手持拍摄和需要定格运动主体瞬间形态的拍摄情况意义重大。

50	100	200	400	800	1600	3200
低感光度		中感光度		高感光度		超高感光度

🎞 焦距135mm　⬡ 光圈F5.6　〰 快门速度1/30s　ISO 感光度100

🎞 焦距135mm　⬡ 光圈F5.6　〰 快门速度1/100s　ISO 感光度400

↑在获得相同曝光量的情况下，选用感光度ISO100。左图所需要的曝光时间为1/30s；选用感光度ISO400，右图所需要的曝光时间为1/100s

现在越来越多的相机厂商都在拼比高光度，但是如果使用过高的感光度，照片的成像质量会逐步下降。

数码单反相机的成像质量下降则主要表现在噪点上。调高感光度，感光元件的大小是无法更改的，只能通过电路来放大信号，而在将电荷信号放大的同时，也会将干扰信号一起放大，随之产生了噪点。

随着数码单反相机的发展，目前大多数数码单反相机在低于ISO400的情况下，照片的画面质量相差不大。但是当ISO值超过800时，就会看到噪点逐渐开始出现，画面质量出现下降。

在夜间摄影时，为了保持手持相机的稳定，很多时候需要调高感光度，所以在夜间摄影也就更容易产生噪点。

ISO感光度	ISO100	ISO800
图像锐利度	锐利	模糊
色彩饱和度	高	低
噪点表现	轻微	严重
偏色情况	轻微	严重
层次过渡	过渡均匀	过渡生硬
画面反差	大	小

焦距18mm　光圈F6.3　快门速度1/30s　感光度1000

焦距18mm　光圈F11
快门速度3.2s　感光度100

↑对比两幅图，从整体上看几乎没有太大的区别。但是当局部放大时就可以清晰看出后者画面出现了噪点，色彩和细节的表现力明显降低

3.2 相机的测光模式

一张照片是否成功，曝光是否正确是基础，而曝光是否准确，基础还在于测光是否准确。理解曝光、进行操作可能很简单，但掌握好测光技术则需要长期的努力与积累。

» 了解测光原理

数码相机，在测光时会借助相机的测光装置——测光表，测光表可以感应现场光线，测出适合现场光亮的曝光值。如今的数码相机都有内置的测光表，所以很少看到摄影师单独使用测光表。但无论是单独的测光表还是内置测光表，他们的作用都是一样的。

相机内置测光表的原理是"以反射率18%的亮度为基准"。这个解释看起来比较抽象，但只要简单解释大家就明白了。测光表在进行测光时，它并不知道拍摄的主体是什么，也不管主体或周围景物的颜色、对比与反差。对于测光表来说，它假设所有的物体、景物都是18%中灰色的，所以测光表所测得的曝光值其实是为了将拍摄画面还原成18%中灰色所需要的曝光量。

我们使用的数码相机内置测光表，就如我们以上讲到的，它将测量范围内的物体全部看成是反射率为18%的中灰色，无论是拍摄灰色、暗色还是亮色的物体，都会按照灰色的主体来给出一个曝光组合，显然，后两种结果就不是我们所要的了。

↑对着灰熊测光。假设中间的熊反射率为18%，那么我们对着灰熊测光，相机内的测光表认为它是中灰影调，按照测光表的读数曝光，就会得到一张影调正常的照片：画面中灰熊是灰的，白熊是白的，黑熊是黑的。

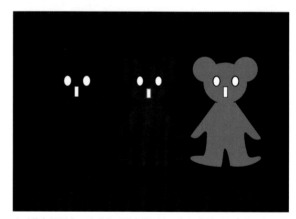

↑对着白熊测光。当我们对着白熊测光，相机内的测光表并不接受白熊的"白度"，仍然认为它是中灰的。如果我们按照测光表的读数曝光，就会出现白熊灰、灰熊黑，黑熊更黑甚至溢出的情况。

↑对着黑熊测光。我们对着黑熊测光，相机内的测光表并不接受黑熊的"黑度"，仍然认为它是中灰的。如果我们按照测光表的读数曝光，就会得到一张黑熊灰、灰熊白，白熊更白甚至溢出的照片。

➤➤ 多分区测光模式的特点及拍摄实例

尼康多分区测光模式被称为"矩阵测光",是数码相机中最主要和最常见的测光方式,几乎所有的相机都内置有该模式。这种测光方式是相机测光系统将拍摄的画面分成多个区域,通过照相机的测光元件分别测出画面中每一区的亮度,再经过相机电脑运算而得出一个平均且比较科学的测光读数,保证了曝光的准确性。

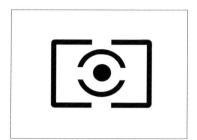

▲ 佳能相机多分区测光模式标

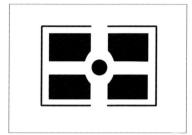

▲ 尼康相机多分区测光模式标

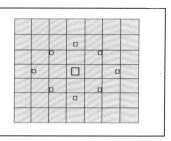

▲ 多分区测光范围示意图:灰色区域为多分区测光模式的测光区域,是对画面整体的亮度进行分别测定。

采用多分区测光能保证画面的整体曝光恰当,但前提条件是要求被测画面里的光照是均匀的。只要在较均匀的光线条件下拍摄,基本上都可以获得正确的曝光。这种测光方式适用于拍摄光线分布比较均匀的大场景画面、顺光条件下的风景、旅游摄影、团体合照和家庭摄影等场景,也是初学者最常用的测光方式。

这种方法的好处是可以轻易获得均衡的画面,不会出现局部的高光过曝的现象。其缺点是无法满足特殊情况,比如光比太大的环境。所以在运用过程中也要特别引起注意,合理进行选择。

◉ 焦距300mm　◻ 光圈F6.3　▩ 快门速度1/1000s　▥ 感光度100

↓顺光环境下,拍摄者选择多分区测光模式,让场景的所有的景物都得到了真实再现

≫ 中央重点测光模式的特点及拍摄实例

中央重点测光模式的计算方式和多分区测光模式有些类似，它也是先测量取景器中的所有反射光线，然后再权衡平均而得到的曝光值，只不过这种测光模式的测光区域偏重画面中央，它的主要测光面积一般约占画面的60%~75%，其他区域虽然也作测光，但分配的权重较少。这种测光模式能适当兼顾主体与背景的关系，比多分区测光模式要更突出画面中心部位。这种测光模式的测光范围比较类似于局部测光模式，不同的是它对周围的光线也做出了一定反应。

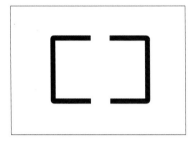

▲ 佳能相机中央重点平均测光模式标识

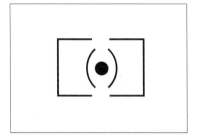

▲ 尼康相机中央重点测光模式标识

▲ 测光范围示意图。灰色区域为中央重点测光模式的测光面积，中央重点测光以测定画面中央一定面积为主，其余亮度为辅，数码相机会综合数据给出测光值

由于感光的范围比较大，中央重点测光模式适用的光线环境应当尽量避免复杂，比如在拍摄特写花朵、半身人像、产品静物等光线环境下，以画面中心为主要表现对象的题材。

🔘 焦距24mm　　🔲 光圈F11　　⏱ 快门速度1/200s　　🟦 感光度100

↓中央重点平均测光模式下，将被光线照亮的部分作为测光中心，让相机感知到了主体的光亮，从而给出了一个准确的曝光值

≫ 局部测光模式的特点及拍摄实例

局部测光模式的测光范围比中央重点测光模式范围更小，测光面积在测光区域的5%~9%，这种测光模式也不受测光范围之外其他光线的影响和干扰。在尼康相机的测光模式中没有像佳能那样的局部测光模式，但在尼康的部分机型中点测光模式可以用来调节测光范围大小，同样能达到与佳能相机的局部测光模式一样的测光效果。

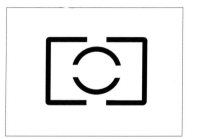

◀ 佳能相机的局部测光

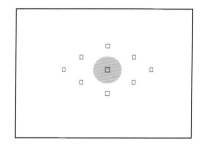

▶ 测光范围示意图。局部测光模式，测量灰色圆形部分的光亮，测光范围相对较窄，但宽于点测光的范围

这种测光方式适合环境光线反差比较大或者需要突出主题的拍摄场合，比如风光摄影中的侧逆光、局部光等环境，以及花朵、人像等需要主体被突出的对象。

| 焦距50mm | 光圈F8 |
| 快门速度1/400s | 感光度100 |

←采用局部测光模式，虽然画面背景有轻微曝光过度的现象，但是画面中小女孩的面部却得到清晰呈现，这是因为测光时就是以面部最亮处为测光点

▶▶ 点测光模式的特点及拍摄实例

点测光模式是一种测光范围更小的精确测光方式，它的测光范围大约只占画面之中1%~4%的面积，主要用于特殊拍摄条件下的测光，适合要求较高的专业摄影人士选用。点测光模式不会考虑周边环境的亮度，它仅以测量范围的亮度来决定曝光值，完全不受拍摄画面其他反射光线的干扰，能确保测算画面中主要表现对象所需曝光量。但是要用好"点测光"模式，有一个重要前提，就是拍摄者要知道被摄对象中什么位置适合选为"点"来作为测光的标准。

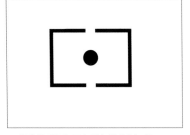

▲ 佳能数码相机里点测光模式的标识

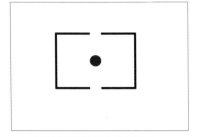

▲ 尼康数码相机里点测光模式的标识

▲ 测光范围示意图。点测光模式，仅对灰色圆形内的亮度进行测量。可用于强烈逆光等希望仅对被摄体局部亮度进行测光的场景

点测光模式主要用于画面明暗反差特别大的拍摄场景，尤其在风光摄影中，经常遇到逆光或侧光的光线环境，此时就可以选用点测光的模式来得到合适的曝光值。通常选择画面中亮度较大的位置作为测光点，使测光点曝光准确，即可很好地还原摄体的细节。

📷 焦距24mm　⬡ 光圈F16　▱ 快门速度1/1000s　📶 感光度100

↓红色的夕阳和背光的远山亮度对比十分强烈。此时采用点测光模式对准阳光旁边的彩霞测光，使画面的主体曝光准确，虽然远山和近处的人物暗部细节都丢失，但是并没有影响画面的欣赏效果

了解测光锁定

很多影友都会询问，这些测光模式的测光范围都几乎在画框的中心，而我们构图的时候最忌讳的就是将主体摆在中心。如果不采用中心构图，这时该怎么测光呢？

此时就要利用到数码相机的另一种功能——测光锁定。利用该功能锁定曝光参数后，可以在保持所需的曝光设置的情况下重新构图。在使用程序曝光模式、快门优先

模式和光圈优先模式时，选择局部测光模式、中央重点测光模式或者点测光模式测光得出的数据，可以通过曝光锁定键将其锁定。测光锁定是一项非常重要的功能，如果拍摄者不善于使用它，再好的数码相机也只能当做傻瓜相机来使用，很难拍摄出精彩的作品。

在不同品牌的相机中，测光锁定键的标志不一样

▲ 佳能相机的测光锁定键表示为"*"

▲ 尼康相机的测光锁定键表示为"AE-L/AF-L"

以点测光为例，相机测光锁定的操作步骤如下。

第一步 寻找镜头中的测光点（高光部分）。

寻找测光点通常就是寻镜头中的高光部分，以此获得比较准确的曝光值。操作时，把镜头的中心点对准初次构图画面中的最亮位置。但是这个最亮的部分并没有统一的规定，而是由现场环境来定。

第二步 根据预想构图中的最亮处测光，并按下曝光锁定键。

相机镜头的中心点对准测光点之后，半按快门启动测光。为了保持所测得的曝光值在重新图时不发生改变，此时按下相机上的曝光锁定键，对曝光值进行锁定。

第三步 曝光锁定之后再构图。

此时按住曝光锁定按钮不放，对准想要的画面再次进行构图，最后按下快门按钮，一张曝光准确的照片就出来了。

3.3　相机的曝光补偿

从测光原理中我们知道，测光表给的曝光量只是一个参考值，而准确的曝光需要在这个基础上进行调整，由此也就衍生了"曝光补偿"的概念。

❯❯ 什么是曝光补偿

曝光补偿是一种曝光调节方式，即曝光量调节。曝光补偿分为正补偿和负补偿，用EV表示。其调节范围一般在±2~5EV左右。正补偿指增加曝光量，画面会变亮，用＋EV表示。负补偿指减少曝光量，画面会变暗，用－EV表示。

例如，在拍摄大面积白色（高光）对象时，数码相机测光系统侦测到的反射光较强就误认为光线很足，会自动减小曝光量，这样拍摄出来的照片曝光不足，画面显得暗淡。而在拍摄大面积黑色（低光）对象时，数码照相机测光系统侦测到的反射光较弱就误认为光线不足，并自动增加曝光量，这样拍摄出来的照片曝光过度，显得画面很亮。为了避免出现以上两种情况，就需要利用曝光补偿功能来增加或减少曝光值，以取得正确的曝光。简而言之，曝光补偿功能就是帮助拍摄者简便地解决曝光不足或曝光过度的问题。

▲ 佳能相机曝光补偿设置菜单

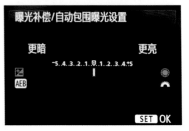

▲ 佳能相机曝光补偿设置界面

焦距50mm　　光圈F6.3　　快门速度1/1000s　　感光度100

焦距30mm　　光圈F8　　快门速度1/500s　　感光度100

↑相机测光系统侦测到大面积白色而自动减小曝光量，造成画面光线偏暗。增加曝光补偿后，画面光线得到还原

≫ 曝光补偿的原则

曝光补偿有一个很重要的原则，即"白加黑减"。如何理解"白加黑减"呢？其实很简单，即拍摄白色和接近白色的高光亮度区域多的对象，在拍摄时应该增加曝光补偿；拍摄黑色和接近黑色的昏暗区域多的对象，在拍摄时应该减小曝光补偿。

当拍摄白色和接近白色的高光亮度区域多的对象时，相机不会侦测到强烈反光，仍然以18%的反光率曝光，结果就造成拍摄出的照片偏暗，这时就必须通过增加曝光补偿以取得较亮的画面效果，即"白加"。比如，在拍摄风光照时，拍摄雪景、雾景等浅色调占了较大面积的被摄对象，就要考虑适当增加曝光量。

焦距5mm　　光圈F29
快门速度1/20s　　感光度100

焦距56mm　　光圈F29　　快门速度1/20s　　感光度100　　曝光补偿+1EV

↑→场景中，取景框里白色偏多，反射光也就较强，但是测光表并不知道环境的反射率，它把整个画面变成灰的。右图画面增加了1挡曝光值之后的画面效果更加明快

同理，拍摄黑色和接近黑色的昏暗区域多的对象，相机不会侦测到较弱的反光，仍然以18%的反光率曝光，所以结果所拍摄出来的画面就偏亮。这时，要让画面保持较暗的效果，就需要减小曝光补偿，即"黑减"。

焦距30mm　　光圈F4.5
快门速度1/320s　　感光度100

焦距30mm　　光圈F4.5　　快门速度1/640s　　感光度100　　曝光补偿-1EV

↑→拍摄棕色大门上的铜锁，按测光表读数拍摄，于是把整个画面提亮到中间调子。然后根据经验减少了1挡曝光值之后的画面效果色彩和影调对比更突出

📷 焦距30mm ⬡ 光圈F8 ⬚ 快门速度1/30s ISO 感光度100 AEB 曝光补偿+2EV

↑ 增加曝光补偿后拍摄到的雾景效果比较真实的还原了场景

>> 曝光补偿的操作步骤

在设置曝光补偿之前，首先选择好要采用的拍摄模式，如：光圈优先、快门优先或程序曝光模式。必须注意的是，手动模式不可以进行曝光补偿调节。设置好拍摄模式之后，检查曝光量指示标尺是否处于0标记处，如标记为0则表示没有进行曝光补偿。

若指标往+的方向移动，表示增加照片的曝光（照片变亮）；反之，若指标往−的方向移动，表示减少照片的曝光（照片变暗）。

以下我们以佳能EOS 5D Mark III为例，介绍曝光补偿的操作步骤。

第一步：选择曝光补偿菜单。

第二步：按下确认键，弹出下一级菜单，左右转动转盘即可进行曝光补偿调节。

▲ 第一步

▲ 第二步

>> 自动包围曝光

自动包围曝光是一种通过对同一被摄体拍摄曝光量不同的多张照片，以获得正确曝光照片的方法。"自动"是指相机会自动更改快门速度或光圈，对被摄物体连续拍摄2~3张或更多张曝光量略有差异的照片。这样，每张照片的曝光量均不相同，拍摄者就能从一系列的照片中挑选一张合适的照片了。在使用自动包围曝光时建议将驱动模式设置为连拍，这样才能保证画面构图的一致性。

在自动包围曝光的情况下，照相机不能使用内置闪光灯或者B门拍摄。

下面以佳能EOS 5D Mark III为例，介绍如何设置自动包围曝光。

第一步：选择自动包围曝光（AEB）菜单。

第二步：按下转盘上的按钮，进入"曝光补偿/AEB"菜单，然后转动相机上面的拨盘，则可设置相应的自动包围曝光量。（注意，如果此时转动相机背面的转盘，则设置的是曝光补偿而非自动包围曝光补偿。）

▲ 第一步

▲ 第二步

常见的包围曝光法是先依据数码相机测得的曝光量，在此数据上进行正补偿（−1EV）和负补偿（＋1EV），分别拍摄三张曝光量不同的照片（−1EV、0EV、＋1EV）。

焦距45mm　光圈F11
快门速度1/100s　感光度100
曝光补偿−1EV

焦距45mm　光圈F11
快门速度1/50s　感光度100

焦距45mm　光圈F11
快门速度1/25s　感光度100
曝光补偿+1EV

↑采用自动包围曝光拍摄得到的三张画面效果不同的照片

3.4　判断曝光是否准确的方法

　　一张照片是否能够称为好照片，首先需要判断的就是照片的曝光是否准确。在日常的拍摄中，究竟有什么方法可以帮助我们快速判断曝光是否准确呢？

≫ 简单观察法

　　什么是观察法呢？即通过我们的眼睛直接对画面进行观察，凭个人的感觉对画面的曝光情况进行判断。这种判断方法由于没有一个可以参考的标准，所以比较主观，曝光是否真的准确，也要靠拍摄者长期的经验积累。

　　以上3幅照片中哪一幅照片的曝光是准确的？

　　通过我的眼睛可以观察出，左上图的画面较为暗淡，色彩比较沉重。右上图的画面与左上图相比较亮了很多，但背景墙面某些细节已经完全没有了。下图看起来亮度适中，画面与我们平常看到的正常情况较为一致，画面的色彩饱和，建筑物和树叶的细节都有所展现，而且树叶、花瓣的细节也展示了出来。相比三幅照片，我们可以说下图的曝光是准确的。直接观察法虽然不太准确，但是却是胶片摄影时代唯一可以采用的方法。在数码相机出现以后这种方法还是经常被采用，因为这种方法最为直接方便。

❯❯ 高光过曝警告

如今的数码相机越来越智能，高光过曝警告也是让拍摄者直观了解画面是否曝光过度的一种手段。在数码相机开启高光过曝功能，如果所拍摄的图片有曝光过度的情况，数码相机的液晶显示屏高光部分就会不停地闪烁，提醒拍摄者注意曝光过渡情况。

设置高光方法很简单，只需要找到相机的高光过曝菜单，将其开启即可。

▲ 相机的高光过曝警告界面

在初期拍摄，如果开启高光过曝警告，拍摄者所拍摄每一张照片时都有可能出现高光过曝警告，但是这并不说明画面就曝光过度了。在一般情况下，画面都会有局部过曝，但是只要拍摄的主体没有超出范围，局部过曝是允许的，这也是避免不了的。

焦距45mm　　光圈F11　　快门速度1/50s　　感光度100　　曝光补偿-1EV

↓在拍摄该画面时，水面的反光部分已经出现了高光过曝，但是整个画面并没有因此而受到影响，整幅画面的光影是准确的

≫ 解读直方图

随着数码相机的出现和发展，它为拍摄者提供了更加便捷而准确的判断方法，这种方法就是参考直方图。

如今的数码相机都会有直方图显示功能，按下快门之后，只需再按下直方图显示按钮，就会在相机屏幕上显示出直方图的信息，并由此来判断照片的曝光情况。

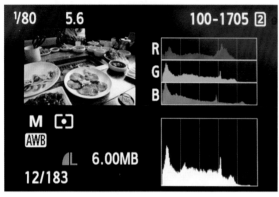

▲ 佳能相机液晶显示屏上的直方图信息

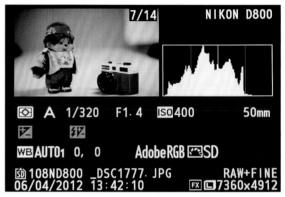

▲ 尼康相机液晶显示屏上的直方图信息

直方图是照片中像素在明暗区域分布的信息图。

通过直方图，能够使我们真实、直观地看出照片的曝光情况，而完全不会受到电子取景器或者数码相机液晶显示屏本身显示效果与实际图像曝光量差异的影响。

下图是一张正常曝光的照片及其对应的直方图，我们可以看到，在直方图中比较靠右的位置，波峰比较高而且比较密集，这是因为色调明亮的蓝天白云占据了大面积区域，而直方图中左侧的位置正是反映亮部区域的分布情况的。

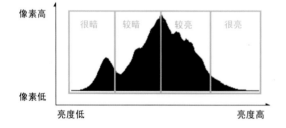

直方图是这样一个二维的坐标，其横轴代表的是图像中的亮度，由左向右，从全黑逐渐过渡到全白，左边代表亮度低的阴影部分，右边代表亮度高的高光部分；纵轴代表的则是图像中处于这个亮度范围的像素的相对数量。

当直方图中的黑色色块偏向于左边时，说明照片的整体色调偏暗，也可以理解为照片曝光不足。而当黑色色块集中在右边时，说明照片整体色调偏亮，除非是特殊构图需要，否则我们可以理解为照片曝光过度。

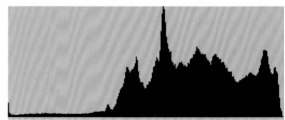

用光与曝光艺术与创意

下面，我们就结合照片来直观地理解直方图所反映的图像特性。

在直方图中央偏左的位置，我们也可以看到一些小的波峰，这是因为图像中有一小部分色调较深的景物出现。

在实际的拍摄过程中，直方图不仅可以在拍摄后检查图像的曝光情况；还可以给拍摄者提供一个准确的画面明暗分布参考，为再次拍摄提供参考，保证曝光准确。所以，无论是初学者还是专业摄影师，都应该养成参考直方图的习惯。

📷 焦距200mm　　◎ 光圈F3.5　　〰 快门速度1/250s　　ISO 感光度100

↓从直方图中我们可以看到，直方图的像素分布基本上趋于暗部端，但在左边的高亮区域及中间区域也保留了一定的像素，这正是暗调照片的典型直方图

第 **4** 章
摄影用光的辅助器材

无论是运用自然光还是人造光，我们都可以利用一些辅助器材如反光板、闪光灯、滤镜等，让光线更加符合我们的摄影意图。

4.1 反光板

在人像摄影过程中，由于被摄物体受光强弱不同而导致亮度不均（如侧逆光拍摄时），而导致照片曝光不足。这时摄影师就可以利用反光板来为人物进行补光，控制阴影面的亮度，减少明暗反差，以兼顾亮部和暗部的细节。在使用自然光拍摄人像的情况下，反光板是必不可少的一种辅助工具。

》 反光板的类型和作用

根据不同的拍摄需求，反光板也有3种不同的颜色。

白色反光板：反射的光线强度较弱，但光的柔和程度最好，可产生更多的细节，一般用于光线反差不大的场合。

银色反光板：银色反光板光亮如镜，能产生更明亮的反光，是最常用的一种反光板，适用于现场光线反差较大的场合。银色反光板能够为距离较远的区域补光，在人像摄影时，可以利用它来为较暗区域补光。

金色反光板：由于反光板是金色的，所以反光效果类似于太阳光，一般用来提供暖调光线。适用于光线不好的阴天或者用来营造金色光线的时候，但要注意色温是否与环境一致，否则会破坏环境色彩。

▲ 多种颜色的反光板

》 反光板的使用技巧

光线的方向性特征是使用反光板的基础，因此应把反光板作为一种光源来使用，同时要注意观察光线的方向。

如果反光板是作为辅助光来使用，一般应在光线相反的方向进行反射。在阴天，光线一般类似于顶光，这时应把反光板置于人的脸部下方进行补光。如果是在逆光或背阴的情况下，用金色反光板作为主光来使用，反光的方向主要用在表现脸部最主要的地方，如脸的一侧。

另外，要注意光线的强度。当反光板作为辅助光使用时，强度不能大于主光，比如在利用窗口的光线作为主光进行拍摄时，反光太强会破坏室内氛围。当反光板作为主光使用时，与背景的反差也不能太大。

▲ 正在使用反光板的影友

用光与曝光艺术与创意

焦距105mm　　光圈F2.8
快门速度1/500s　　感光度200

在拍摄逆光人像时，通过反光板补光，在
获得理想曝光的同时塑造了人物的立体感

4.2 闪光灯

作为补光用的最有效工具，闪光灯的使用非常普遍。闪光灯也是加强曝光的方式之一，尤其在昏暗的地方，闪光灯有助于让主体更明亮。

≫ 闪光灯的种类和性能

根据类型不同，闪光灯大致可以分为两类，其功能和性能也不同。

内置闪光灯。目前普及型相机都带有内置闪光灯，但是内置闪光灯的功能比较有限。一是它的闪光输出量有限，主要作用是对近摄物体进行补光；二是它的闪光功能也比较单一，无法像外接闪光灯那样创作出各种奇思妙想的光影效果。此外，内置闪光灯还会造成相机电池电量的大量消耗。

▲ 内置闪光灯

外置闪光灯。外置闪光灯一般位于相机机身顶部，其功能较内置闪光灯强大很多：首先，可以上下、左右调整灯头的位置来选择闪光角度，利用环境来反射灯光，获得投射面大而柔和的光线；其次，光量调节范围大，外接闪光灯除了可以通过机内的闪光曝光补偿对闪光强度进行控制外，一些较高挡的型号，还可以通过闪光灯上的控制键来调节闪光强度，可以根据需要在很大的范围内进行自由调节；第三，外置闪光灯拥有更广的照明范围，由于外接闪光灯指数较大，所以投射距离较远，还可以用扩散片来扩大光线的照射角度。

≫ 闪光灯的使用技巧

注意有效距离。内置闪光灯的功率都比较小，照射范围有限，白天光线强的时候，逆光拍摄的有效距离可能只有1～2米，夜间条件下，一般的数码相机内置闪光灯有效范围不超过3～5米。而外置闪光灯大多可以有15米甚至更大的投影距离。

使用间接闪光。前面所说的都是直接闪光，即闪灯直接照射被摄物体，而在很多情况下，用间接闪光更有优势。所谓间接闪光就是让闪光灯照射天花板或墙壁或反光伞，利用他们的漫反射均匀照射被摄物体，这样拍出的照片，光线会更加柔和。当然，只有外接闪光灯才可以方便地做到这点。

增加柔光罩。柔光罩可以将闪光灯打出来的光线变得柔和，使照片看起来更加自然，因此可以增加柔光罩来改善光线的硬度。

闪光灯的亮度调整。在速度一定的情况下可通过调节光圈来改变亮度。光圈大闪光灯的亮度增大，光圈小闪光灯的亮度减小。如果光圈值不变，需要增加闪光灯亮度，可以增加感光度ISO值，同样可以使被摄体的受光量增加。

▲ 外置闪光灯的正面与背面

📷 焦距200mm　　⭕ 光圈F2.8　　〰 快门速度1/160s　　🎞 感光度800

↑ 闪光灯是拍摄夜景人像必备的附件之一，它能使人物面部获得合适的曝光

≫ 柔光罩的应用

　　柔光罩也叫闪光灯散射罩，是安装在闪光灯上的一种对强烈光线起到柔化作用的装置。它可以将闪光灯打出来的光线变得柔和，使照片看起来更加自然。它的原理就是把僵硬的闪光灯直射光线通过半透明织物，转化为柔和的漫射光，消去人像和其他拍摄物体上的高光斑，使照片更加美丽自然。柔光罩主要有两种。

　　影室灯柔光罩。这种柔光罩常用于专业摄影棚，是室内拍摄时使用最多的附件。它的体积比较大，在安装时要考虑到灯架的负重能力，以免倾倒。

　　外置闪光灯柔光罩。这种柔光罩最大的优势便是方便携带，且价格便宜，颜色分类也多，摄影师可以根据自己的拍摄需求购买。

▲ 影室灯柔光罩

▲ 普通外置闪光灯柔光罩

第4章　摄影用光的辅助器材

95

4.3 滤镜

但凡使用数码单反相机的人，都会多多少少给相机的镜头加上不同的滤镜。根据滤镜的不同类型，其功能和性能也有所不同。

>> UV镜

UV镜是摄影中最常见的滤镜，它装在镜头上不会影响镜头的通光量，还可以起到保护镜头的作用。UV镜头又叫紫外线滤光镜，表面无色透明，主要作用是用于吸收波长在380纳米以下的紫外线，以避免照片出现偏色，并加强影像的清晰度。由于UV镜无色透明，将其长期放在镜头上，可以使镜头的镜片不被划伤或污损，即使UV镜被污损或者擦伤，只需要更换一片UV镜即可。

UV镜在镜头上会参与成像，应该选择质量有保证的产品，以免影响成像质量。目前市场上最常见的UV镜品牌有B+W、肯高、保谷等，应该优先选择多层镀膜的产品，它可以保证有最佳的光线通过率。

▲UV镜

▲在没有添加UV镜时，画面色彩平淡、发闷，视觉不通透，天空的蓝色也显得不够纯

▼添加UV镜后，画面通透度明显增加，色彩更加饱和，天空更加蔚蓝，白云与草原也更加清晰，画面透彻明朗

≫ 偏振镜

偏振镜也叫偏光镜，简称PL镜，其作用是能有选择地让某个方向振动的光线通过，在摄影中常用来消除或减弱非金属表面的强反光，从而消除或减轻光斑。例如，在风光摄影中，常用来表现强反光处的物体的质感，尤其能消除玻璃或水面反光，清晰表现拍摄景物。偏振镜还可以压暗天空、突出蓝天白云、提高天空的饱和度。由于偏振镜也可以减少1~2挡曝光量，因此它在某些场合下可以替代ND2、ND4中性灰度镜的作用。

偏振镜在使用中有一定的技巧和原则。要想使它发挥最大的作用，就要选对拍摄角度，当光源和拍摄方向呈90°时，偏振镜的效果最明显；当光源和拍摄角度很小时，偏振镜将难以发挥作用。

▲ 偏振镜

▲ 偏振镜可以发挥作用的拍摄方向示意图

▲在没有使用偏振镜时，虽然山峦曝光正常，但天空细节不充分

▼添加偏振镜后，天空被压暗，蓝天白云曝光恢复正常，色彩也更丰富

▶▶ 渐变镜

渐变镜是极为重要的滤镜之一。其主要作用是平衡天空与地面的亮度和色彩。常见的渐变镜有灰色渐变镜、蓝色渐变镜、灰色渐变镜、橙色渐变镜等。

渐变镜又可分为旋入式和插入式两种。由于采用插入式设计的渐变镜比较容易改变角度，可以通过上、下移位改变渐变的比例，因此非常受影友的欢迎。插入式设计的渐变镜可利用托架固定在镜头前面，托架同时可安装多片滤镜一起使用。

灰色渐变镜的效果

在户外拍摄时，天空与地面的光比往往相当大。由于相机感光组件的宽容度有限，在这种情况下就不能拍到天空、地面都曝光正常的照片。要使天空曝光准确，地面就会曝光不足而变成一片漆黑；要使地面曝光准确，又会使天空曝光过度而变成死白一片。尤其是在多云、日出日落等时候，这个问题往往更加严重。

在这种环境下，改变感光度，调整曝光补偿，甚至加装PL偏振镜等都帮不上忙。这时只要加上渐变减光滤镜，将减光的一边向上，天空的光度便会减低，而地面的光度则没有影响，天空与地面的光比得以减低，令照片中天空与地面的层次都能够完全重现。

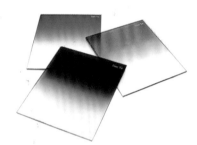

▲ 多种颜色的渐变镜

▲未安装灰色渐变镜，地面曝光不足

▼安装灰色渐变镜后，地面与天空的曝光都正常了

由于数码相机都采用了TTL测光（即通过镜头测光）设计的，即使加上渐变减光滤镜也不需要进行特别的曝光补偿。除了在拍摄多云、日出日落等场景时需加上渐变减光滤镜外，在天晴的日子拍摄时加上这种滤镜也可使天空的色彩饱和度更高，使天空呈现更深的蓝色，是画面看起来也更加令人心旷神怡。

颜色渐变镜效果

除了渐变减光滤镜之外，大家拍摄风景时还可以加上其他有颜色的渐变滤镜以改变天空的色彩，加强照片的气氛。

渐变蓝是另一种较常用的滤镜，在雾气较大、天色不佳的日子，灰白的天空实在是大煞风景，而这时渐变蓝滤镜就可派上用场。如果拍摄日出、日落的话，渐变橙是相当有用的滤镜，可以令日落时的单色调效果更为强烈。此外，不少摄影师在拍摄阴天、多云的题材时都会加上棕色渐变镜，以表达出怀旧的效果。甚至可以将两片颜色渐变滤镜同时使用，在照片的上、下半部表现不同的色彩，令照片的画意更加突出。

▲未安装蓝色渐变镜

▶安装蓝色渐变镜后，天空变得更为深蓝

▲未安装橙色渐变镜

▶安装橙色渐变镜后，日落的气氛更加强烈

焦距22mm　　光圈F5.6　　快门速度1/5s　　感光度200

↑在日照强烈的户外使用慢门拍摄丝绸水时，使用减光镜能够降低快门速度，表现出水流的质感

>> 减光镜

减光镜也叫中灰密度镜、中性灰度镜或灰度镜、ND镜，其的作用主要是减少进入相机的光量。

减光镜的镜片为纯粹的中性灰，因此它在阻挡光线的同时不会对画面色彩平衡造成影响。中灰镜按挡光能力分成ND2、ND4、ND8、ND400等多种规格，ND后面的系数越人，其对色温的影响越大，挡光能力就越强，曝光所需的快门时间也越长。

其中，ND2可削减1挡光圈或50%的光量进入相机；ND4可削减2挡光圈或75%的光量进相机；ND8可削减3挡光圈或87.5%的光量进入相机；ND400可削减9挡光强度，使进入相机的光量相当于原来的1/500，适用于白天长时间曝光或拍摄太阳。

中灰镜主要有两个作用。

降低通光量。比如，在光线强烈的环境下需要用到大光圈时，使用减光镜能够降低通光量，从而获得小景深。

延长拍摄时间。在日光强烈的环境下需要用到慢速快门时，如在拍摄溪流瀑布时，希望表现流水的动感。在这种情况下，减慢快门会过曝，而加上合适的减光镜则可很好地解决过曝问题。使用中分别需要按减光镜的级别增加曝光量，因此要注意在快门过慢的时候应该使用三脚架。

▲ 减光镜

4.4 三脚架和快门线

>> 三脚架的功能和选购

在摄影过程中，我们经常会遇到许多场景出现光线不足的情况，虽然相机的防抖功能能在一定程度上予以弥补，但是当快门速度慢于一定程度时，即使有防抖功能，也不能拍出清晰的画面。在一些需要慢速拍摄的场景下，就更离不开三脚架的支撑。此外，如合影、自拍、微距等拍摄题材都需要三脚架的帮助。好的三脚架，可以提供稳固的拍摄支持，使得拍出的照片清晰锐利。

常见的三脚架从材质上区分，有铝合金和碳纤维两种。

其中以铝合金材质的最为常见，价格也相对较低，而且稳固耐用，只是在重量上稍重，长时间负重行走时会增加负担。碳纤维材质的三脚架较铝合金材质的三脚架具有更好的韧性，重量上比铝合金三脚架要轻约1/4，价格上比铝合金材质的高。

选购三角脚架除了选择材质以外，脚管关节锁定的方式与云台也是选购重点。关节锁常见的有"旋转式"及"压扣式"两种，旋转式锁定非常稳定，但在操作上不太方便。压扣式的优点是操作方便，但在用久之后可能出现松脱现象。

云台有三维云台和球形云台两种，三维云台价格较为便宜，操作方便，且稳固性很好，但重量和体积较大，便携性不好。而球形云台在体积上更小，便于携带，操作也比三维云台更加简便，只是在锁紧性能与稳固性上相对要差，价格一般比三维云台贵。

>> 轻便实用的独脚架

相比三脚架，独脚架的重量和体积更轻更小，更便于携带。使用独脚架支撑相机，可以提供相当于放慢3挡左右快门速度的稳定性能。

独脚架的材质以及结构和三脚架差别不大。在鸟类摄影和体育摄影中，独脚架得到了广泛的应用。它不但更轻便，而且操作和移动起来更快，这也是它相比三脚架的优势所在。

>> 快门线与定时遥控器

在一些特殊场景的拍摄过程中，手部按下快门时的轻微的震动仍然会影响照片的清晰成像，即使使用三脚架后也难以避免。为了防止这种情况发生，我们可以使用快门线和定时遥控器来完成拍摄，这样就能完全避免震动对画面带来的影响。

随着数码单反相机的发展，除了常见的快门线以外，定时遥控器的使用者也日渐增多，这样即使摄影师距离相机很远，操控起来也很方便。

▲快门线

▲三脚架

▲云台

▲轻便实用的独脚架

▲遥控器

第 5 章

风光摄影用光与曝光实战

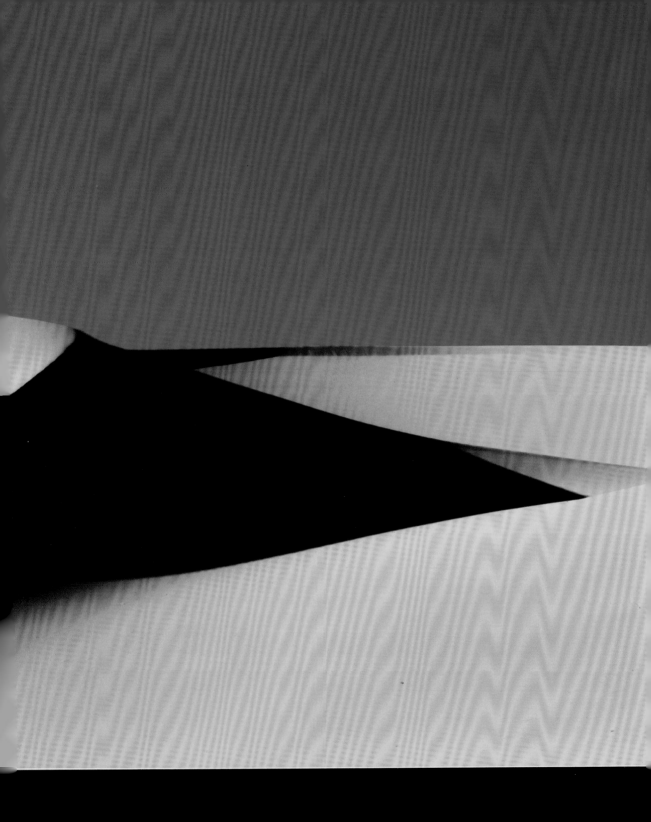

风光摄影主要以太阳光作为照明光源。所以在拍摄时，先要了解光线的方向和强弱对被摄主体的影响，这样才能充分表现出景物在不同光线下的造型效果。

5.1 拍摄山景的用光与曝光

山是大自然造物运动的产物，各具特色，所以山景是风光摄影常见的题材。在不同的光线下拍摄，可以展现出不一样的山景风貌。

≫ 正面光表现山峦色彩纹理

在正面光照射下，被摄景物能够得到均匀的受光，其色彩容易得到真实还原。在柔和的正面光下，被摄体的色彩饱和度较高；在强烈的正面光照射下，被摄体的色彩饱和度降低。

正面光照射的最大的特点是使被摄景物绝大部分都直接受光，景物阴影面积不大甚至几乎没有阴影。由于没有阴影，整个画面的影调也就显得比较明快、干净。如果正面光不是特别强烈，在正确的曝光下，这种光线还会让被摄景物表现出真实且饱和的色彩。

📷 焦距115mm　⬛ 光圈F11　〰 快门速度1/50s　ISO 感光度100

↑在正面光的照射下，山脉的纹理非常漂亮，而且山脉没有反差强烈的阴影影响，将纹理效果一览无余地呈现出来

📷 16mm　⬛ 光圈F5　〰 快门速度1/1250s　ISO 感光度100

↑低角度拍摄，选取了红色的岩土为前景，以天空为背景，让画面展现出了一定的层次感

虽说正面光可以让被摄景物受光均匀，但是这种光线下山体没任何阴影，这也就在一定程度上削弱了山体的立体感。不过如果能在构图上下一些工夫也是可以让不足化为优点的。比如，在拍摄场景中就可以借助一些形状富有特色，色彩能与主体形成呼应的前景。

焦距100mm　光圈F11　快门速度1/125s　感光度100

↑正面光下的山峦连绵起伏，清晰的纹理将山峦的形态很好地体现出来

焦距266mm　光圈F16　快门速度1/180s　感光度100

↓红色、白色和黄色相间的纹理非常漂亮，选择了正面光来拍摄，使色彩纹理得到较好的体现

≫ 前侧光突显山峰造型特征

前侧光可使被摄景物形成多重明暗层次，使画面影调丰富、鲜明。由于被摄景物的大部分受光，产生的亮面大，所以前侧光拍摄的画面影调比较明快。又因为前测光在画面中产生了一定的阴影，所以能突出被摄景物的立体感和深度，尤其能将被摄景物表面结构的质地精细地刻画出来，让画面中的景物细节有极强的表现力。

大多数的影友在拍摄山景时都喜欢选择前侧光，因为前侧光可以描绘出山峦的形态和山的线条。前侧光会使山峦呈现出丰富的影子，当这些影子表现在画面中也就体现出了整个山体的立体感。

在前侧光环境，由于被摄山体大部分都处于受光部分，所以画面的测光和曝光没有太大难度。测光时，可以选择中央重点测光模式或者点测光模式，然后选择被摄主体的高光部分为测光基准点，一般都可以得到准确的曝光。有的影友习惯于用评价测光模式或矩阵测光模式，这种模式虽然也可以使用，但由于相机对暗处也有感光，所以拍摄出来的画面可能偏亮。这时候就可以适当降低画面的曝光补偿，通过这种方式依然可以得到准确的曝光。

焦距35mm　光圈F5.6　快门速度1/160s　感光度100

↓这些高耸的雅丹被光线分为了亮与暗两面，其形态和风化的纹理也表现得很清楚

焦距85mm　　　光圈F11　　　快门速度1/400s　　　感光度100

↑远处的山脉伟岸挺拔，在来自右前方的侧光照耀下，主体与背景所形成的色彩对比也让画面多了几分亮点

焦距96mm　　　光圈F13　　　快门速度1/1250s　　　感光度100

↑画面的光线来自于雪山的右侧。这些光线直射在山峰上，让山峰的一些部分受光另一些部分处于背光面，整个画面具有较强的明暗反差

>> 侧光勾勒山川线条

侧光用在风光摄影中，会使景物的一半受光，另一半处在阴影中，景物的全貌得不到整体表现。但是，这并不影响画面的效果，因为处于受光面的一侧景物会表现出丰富的层次。

📷 焦距70mm　⭕ 光圈F16　〰 快门速度1/1250s　ISO 感光度100

↑透过云层的侧光照耀着山冈，在画面中留下影子，丰富而有趣。通过这种光线，也让观者清晰地看到了山冈起伏的态势

　　在光线强烈的侧光下，景物投下的阴影会具有很强烈的方向性。如果光线的投射角度非常低，还会有一些影子深深地留在景物的背面，长长短短的影子会与景物本身形成丰富多彩的造型效果。一般来说，晨昏时分是太阳照射角度最低的时候，这时候光线不仅方向性强烈而且还会具有非常漂亮的光线色彩。

📷 焦距66mm　⭕ 光圈F11　〰 快门速度1/125s　ISO 感光度200

拍摄时，为了让被摄主体的形态完美的呈现在画面上，拍摄者选择了侧光进行拍摄。在侧光下，山石具有了明暗分明的两部分。但是在这幅画面中，由于地形的特殊性，欣赏者可以看到的受光面比较少，但这并无损山体立体感的表现

用光与曝光艺术与创意

要得到侧光下最美妙的光影效果，既需要把握时机也需要准确的曝光。对于把握时机，就是要注意观察太阳照射的方向和高度。比如在晨昏时分，太阳的入射角度就非常低，景物所留下的投影也会相应变长。拍摄时，拍摄者只要根据表现意图来做适当的判断和选取就好了。在测光时，由于场景内的明暗反差非常大，所以建议采用点测光模式来得到精准的测光。

📷 焦距120mm　⬡ 光圈F16　〰 快门速度1/80s　▭ 感光度100

↑ 在对这幅侧光画面进行测光的时候，拍摄者以点测光模式，选择山石受光面较亮位置为测光点，通过测光得到了一个较为精准的曝光值。较好地反映出山石的形态层次特征

5.2 拍摄草原、沙漠的用光与曝光

　　草原和沙漠以其广袤和变化莫测的气候而著称，可以说是自然界的奇观，因此成为很多影友的向往之地。但如何利用不同光线来表现草原和沙漠，这就需要了解和掌握一些拍摄技巧。

≫ 顶光下表现草原的云影斑驳

　　由于色温高，强度过硬，顶光往往并不适合拍摄。虽然顶光是一天中阳光最强烈的时候，如果此时阳光遇到云层的遮挡变得忽隐忽现，就很容易出现光影的变化效果，也就出现了明暗变化的层次动感。如能抓住这种瞬间，也就能表现出此时大自然的动感效果。

　　🔲 焦距18mm　　　🔘 光圈F10
　　📷 快门速度1/1000s　🎞 感光度100

←云影掠过草原，或明或暗的光影像铺在草原上的一匹柔软的锦缎，又像在碧波中起伏的浪潮，这就是局部光给草原带来的魅力

　　由于顶光的光线大多与场景之间没有任何遮挡物，被直接照射的地方显得较为明亮，而被云影遮挡的地方则显得较暗，所以使场景中明暗反差较大，可以选择被摄主体或是重要区域来进行测光。当亮部范围较多时，曝光重点就应该以亮部为主，可使用中央重点测光模式或多分区测光模式对场景测光拍摄。

　　🔲 焦距285mm　　　🔘 光圈F5.6
　　📷 快门速度1/640s　🎞 感光度100

←顶光下的草原，云层所形成的斑驳云影，为画面带来了层次，同时也让画面具有了动感

由于云层的阻挡，阳光不能普照整个大地，而是被分割成了几块区域性的光线，并且这种光线会随着云层的流动而不断运动。云层遮挡后的地面形成了较强的明暗反差效果，为画面增添了几许层次感与生动性。所以，这种被云层分割后的顶光也称为局部光。拍摄局部光风光最关键的是要把握画面的亮暗比例，当然，亮暗比例的控制既取决于自然的天气环境，也取决于拍摄者对曝光的控制。一般来说，当光线照亮拍摄者想要表达的主体时，便是拍摄的最佳时机。这种环境下多以点测光模式或局部测光模式来测光，这样可以更加精确地控制好画面的影调。

焦距120mm　光圈F18　快门速度1/100s　感光度100

→草原上的云影和天空中的云层相呼应，不仅增加了画面的层次，也使画面具有了动感的因素

焦距55mm　光圈F16　快门速度1/2000s　感光度100

↓在这张局部光照亮的草原图画上，大面积的草地留下斑驳的云影，明与暗的交织让平淡的草原有了动感

≫ 侧逆光表现沙漠的轮廓与质感

要表现沙漠的轮廓和线条，可以利用的光线是多样的，前侧光、侧光、侧逆光等都是可以的。这里，我们着重介绍用侧逆光表现沙漠，看它具有怎样的优点。

多数情况下，各种景物在侧逆光下正面都只占受光面的一小部分，阴影面占大部分，形成有明有暗的影调反差，让相同颜色的景物形成自然的过渡影调。加之光线是从景物的后侧照射过来，所以它能够清晰地呈现出景物的轮廓，体现出景物立体感。在侧逆光下，景物背后的背景很有可能会因为光线照射的原因而呈现出暗淡的光影，同时较强烈的空气透视效果还会增加画面的层次性。

◎ 焦距85mm ◎ 光圈F9.5 ▤ 快门速度1/90s ISO 感光度100

↑ 这幅画面拍摄于侧逆光的光线环境，沙漠表现出了自己的纹理效果，其线条的形式感和质感非常强烈

在表现景物质感方面，我们都推荐选用前侧光来拍摄。但是在拍摄沙漠的时候，可以尝试用侧逆光来突显景物质感，通常情况下都会收到不一样的质感效果。由于被风吹拂后的沙丘表面波纹起伏，所以当侧逆光停留在沙丘表面时，这种波纹的轮廓和质感立即就显现了出来。加之由于侧逆光所带来的光影效果明暗有致，过渡自然，这也就让沙漠的质感与光影达到了完美地结合。

◎ 焦距300mm ◎ 光圈F22 ▤ 快门速度1/15s ISO 感光度100

在拍摄这张画面时，沙丘表面本身的波纹，在侧逆光的照射下，形成明暗的变化，将沙漠的轮廓和质感表现出来

在利用侧逆光拍摄影调深暗的沙丘画面时，测光是拍摄的重点，也是拍摄的难点。为了得到准确的曝光，在测光时选择点测光模式，然后再找准拍摄画面中最亮的部分作为测光点，当最亮部分的细节得到了保证，其他部分的曝光也就得到了保证。虽然被阴影遮挡的暗处减少了细节，但这并不有损画面影调的特点，正是有了这些深浅不一的阴影才有了丰富的光影效果。

[icon] 焦距22mm　[icon] 光圈F11　[icon] 快门速度1/750s　[icon] 感光度100

↑从左前方照射过来的光线将沙漠照亮，形成了明暗的线条，这些明暗不同的区域，为画面带来轮廓感和质感

达人支招

▌侧逆光下沙漠拍摄技巧

确定以侧逆光拍摄之后，此时要做好的依然是画面的测光。由于直射光线下的景物有很明显的反差，建议大家使用点测光模式或者局部测光模式。测光时将测光点对准环境中的高光处测光，测光后按下曝光锁定按钮后再精心构图，最后完成拍摄。

在侧逆光下拍摄时，由于耀眼的光线会进入镜头，会在很大程度上影响到画面的质量和美感，因此需要使用遮光罩来避免眩光和杂光的进入。

▲ 花瓣式遮光罩

▲ 直筒式遮光罩

遮光罩不仅能避免侧逆光环境下的光斑，同时还可以防止对镜头的意外损伤。花瓣式遮光罩较宽大，长度较短，一般用于广角及超广角镜头；而直筒式遮光罩直径较窄，但长度较长，一般用于中长焦镜头。

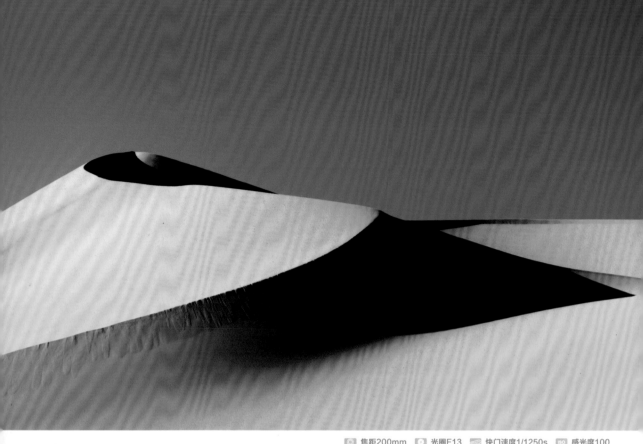

📷 焦距200mm　　⬡ 光圈F13　　⬚ 快门速度1/1250s　　ISO 感光度100

↑沙漠上虽然没有规律的线条和图案，但是沙丘上侧光带来的明暗变化，不仅丰富了视觉感受，而且也使画面看上去具有了节奏美

≫ 侧光表现沙漠的节奏感

由于沙漠具有反光率比较平均、色调比较一致的特点，如果用光不好，很容易使景物的结构线条不够突出，有的甚至消失，让画面表现平淡无力，因而拍摄沙漠一般选用低用度的侧光或侧逆光。因为低角度的侧光或侧逆光能在沙漠中形成明显的明暗影调，这样就能较好地突出沙漠的轮廓线条，而且形成的影调还可以丰富画面层次，让沙漠的线条得到完美地展现。

被风吹过的沙丘表面常常会留下一道道造型、深浅相似的纹理，这些堆积在一起的纹理也就形成了一种富有"节奏感"的沙浪。无论是在阴天环境还是在晴朗的天气下，这种沙浪都非常美丽。但如果这种沙浪能受侧光的照射，沙丘一面受光，另一面背光，影子与阳光明暗相间，就会表现出美妙的光影效果。而且在侧光照射后，所产生的阴影也会使沙丘线条更清晰明了、立体感也随之增强，沙漠上线条的节奏感就可以通过线条的变化和延伸表现出来。

📷 焦距16mm　　⬡ 光圈F16　　⬚ 快门速度1/1500s　　ISO 感光度100

在侧光的照耀下，被风堆积而起的沙浪线条的形式被强化，这种规律的线条会带来视觉上的起伏和心理上的节奏感

5.3　拍摄水景的用光与曝光

流水的形态各异，有奔腾而下的江河，有气势雄伟的瀑布，也有潺潺流动的小溪。面对如此类型众多的水景，该如何用光来展现这些美景呢？下面就以实例来为大家来介绍一些拍摄技巧。

≫ 用散射光表现溪流如纱细腻

阴天的光线非常柔和，在这种光线下拍摄出来的景物都会表现得比较柔美。对蜿蜒流淌的水景来说，阴天的光线对它没有太多的刻画，但是在这样的光线下，采用一定的拍摄技巧会得到很不错的拍摄效果，比如用慢速快门表现出的轻柔曼妙。

📷 焦距200mm	⭕ 光圈F29
〰 快门速度1/4s	🔆 感光度100

→阴天的光线下，没有直射光的影响，所以画面中的水流呈现出如纱一般的细腻感

要拍出水景曼妙如纱的样子，控制快门是一方面，在降低快门的同时缩小光圈也是必须要做的事情，这样才可能避免画面曝光过度。当拍摄环境光线非常强烈时，即使将光圈缩到最小，还是不能达到拍摄者想要的效果时，就可以在镜头前安装一片或多片中灰滤镜，以降低进入镜头的光线，这样就可以延长画面曝光时间，使流水的质感更加强烈。

📷 焦距17mm	⭕ 光圈F18
〰 快门速度13s	🔆 感光度100

←使用慢速快门和小光圈拍摄山中溪流，溪水呈现出曼妙如纱般的感觉，显得格外柔美，与之相对应的是溪流中坚硬的卵石，刚与柔并存在画面中，让人感叹大自然造化之美

在拍摄流水的时候，为了获得更完美的质感和形态，曝光时间会比较长，所以在拍摄时要使用三脚架。在构图时可以选择一些陪体来丰富画面效果，比如河岸的石头、花草、树木、落叶等，这些元素的加入可使画面产生一种和谐的效果，而且更具身临其境的效果。

◎ 焦距40mm　◎ 光圈F14　⌇ 快门速度2s　ISO 感光度100

↓利用阴天和慢速快门拍摄山中小溪，运动的流水就会呈现出具有流动感的影像，而与之对应的卵石则是静止的，这样的画面能让人在一幅画面中感觉到动静结合

≫ 用晨昏光线表现闪耀的水面光路

　　在晨昏光线下拍出靓丽的水面光亮，换句话说也就是以水面为前景，拍摄朝阳或夕阳投射在水面上的光线效果。晨昏光线的色彩非常漂亮，而且这种光线的强度也比较微弱。当拍摄者在取景时，站在与太阳光线相反的地方取景，这就形成了逆光光线。这种光线照射在水面上，也就让水面表现出波光粼粼的效果。从太阳方向照射的距离来说，距离越远，光线铺展的面积越大，于是也就形成了由近而远不断扩展的水面光路。

📷 焦距25mm　⭕ 光圈F8　〰 快门速度1/125s　ISO 感光度100

←拍摄者时在与太阳相对的方向拍摄。由于晨昏光线的作用，当它撒向大海的那一刻便有了更辉煌的表现力

📷 焦距95mm　⭕ 光圈F13　〰 快门速度1/250s　ISO 感光度200

↓ 在清晨暖色调的光线下拍摄波光粼粼的海面，给人金光闪闪的感觉

由于是在逆光环境拍摄，所以画面的曝光控制比较重要。在测光时推荐选择点测光模式，在选择测光位置时，如果水面的高光部分变化比较大，那么就以太阳周围较亮的部分为测光点，这样便可以得到较为准确的曝光。如果拍摄者对曝光的把握不是特别准确，则建议使用包围曝光模式来拍摄。在构图时，尽量增加一些景物来作为前景，以剪影形式出现的前景既可以让画面形成较大的反差，也可以增加画面的空间层次感。

焦距280mm　光圈F8　快门速度1/8000s　感光度100

画面中成为剪影的水鸟，为波光粼粼的水面增加了趣味

焦距200mm　光圈F11　快门速度1/80s　感光度100

在拍摄这幅逆光画面时，拍摄者采用了点测光模式对准太阳附近来测光。这样在较暗前景和中景的衬托下，水面表现出金色的光路

>> 用晴天光线表现水面倒影

拍摄倒影通常都选择平静的水面，平静的水面更容易清晰地再现景物的影子。构图时，利用水平线将倒影与实际景观一分两半是最常见的方法，有时也让倒影占据大多数的画幅，让真实景物藏头露尾，使观者产生联想，增加画面韵味和感染力。

◎ 焦距58mm　◎ 光圈F10　◎ 快门速度1/1800s　◎ 感光度100

↑蓝色的天空，白色的云朵，绿色的树林，与水中的倒影相相辅相成，色彩的搭配给画面带来和谐感

拍摄倒影时须选择低角度，因为画面上倒影的多少与拍摄视角的高低有密切的关系。拍摄视角高，倒影显得少；拍摄视角低，倒影出现得多。同样，低角度拍摄，可使画面倒影的景物增多，色彩层次会更加丰富。

在光线选择方面，除了阴天散射光，不同光线表现倒影都有各自的特点，可以选择不同光线和光位拍摄，取得不同的效果。

◎ 焦距65mm　◎ 光圈F22
◎ 快门速度1/300s　◎ 感光度100

→如镜子一般的水面，将雪山的美梦幻地表现出来，给人一种大自然的宁静美感

由于倒影多产生于水面上，水面的反光常会给拍摄者视觉上的错觉，以为拍摄现场亮度很高。其实背光的实景和水中的倒影亮度是不高的。拍摄时一般可以在正常曝光条件下开大1~2挡光圈或放慢1~2挡快门速度。另外，拍摄倒影时常需要在临水的岸边，拍摄视角一低，镜头很容易受到水面上杂乱的反射光干扰，形成光线冲镜，造成光晕现象，影响画面。所以拍摄时，照相机镜头最好配有遮光罩。

📷 焦距80mm　　◎ 光圈F16　　▨ 快门速度1/300s　　ISO 感光度100

↑拍摄河岸倒影时，岸上的树、拱桥和水中倒影形成虚实对比的画面色彩的搭配为画面增色不少

📷 焦距120mm　　◎ 光圈F16　　▨ 快门速度1/180s　　ISO 感光度100

↓选择在最适合的秋日的水景拍摄河岸五彩的场景，增添了画面趣味性和视觉表现力

5.4 冰雪摄影的用光与曝光

很多影友觉得冬季没有什么题材可拍，其实不然，冰雪场景就是冬季拍摄时最具有魅力的景色。为了表现出更加迷人的冰雪场景，所以在拍摄时我们要借助不同的拍摄技巧来进行描绘和刻画。

➤➤ 用逆光或侧逆光刻画冰雪质感

由于雪是一种洁白的晶体，其反光率较高，当太阳照射到上面时会显得更加明亮。如果以正面光或顶光进行拍摄，由于光线水平或垂直照射的关系，不但不能使雪白微细的晶状物产生明暗层次和质感，而且会使景物失去立体感。因此，为了表现出雪景的明暗层次以及雪的透明质感，运用侧逆光或者逆光是非常适宜的。

📷 焦距10mm　　⭕ 光圈F5.6　　〰 快门速度1/8000s　　📱 感光度100

↓雪后初晴，阳光照耀在白色的雪地上。拍摄这幅画面时特意选择了侧逆光，光线透过雪块展现出晶莹的质地

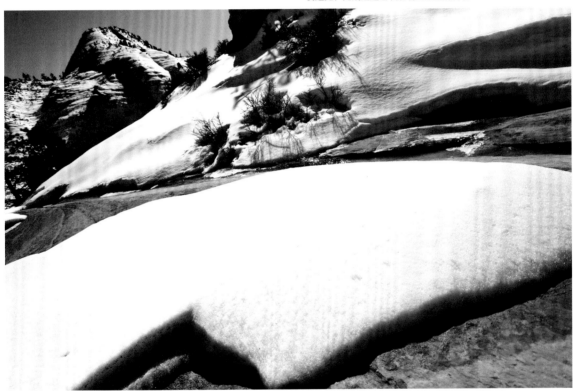

虽然侧逆光或逆光照射在白色面积较大的雪景上能让我们欣赏到它的质感，但被雪所覆盖的其他色调的景物却会因为光线照射不到而变成黑色，所以为了使雪景中的白雪和其他色调的景物都能够有层次感，可选择强度稍微小一些、柔和一些的太阳光线来拍摄。

📷 焦距100mm　　⭕ 光圈F13　　〰 快门速度1/250s　　📱 感光度100

→从侧逆光方向照射而来的太阳光让积雪多了几分闪耀的光芒，较好地体现出积雪晶莹剔透的质感

在选择拍摄地点时，最好选择有起伏的地形等地貌形态丰富的地点，这类地形在结合了侧逆光或侧光之后所拍摄出来的画面其影调层次更为丰富。在画面构图时建议利用带雪或挂满冰凌的树枝、树干、建筑物等景物作为前景，可以提高雪景的表现力。因为这些前景不仅能使画面产生变化，能增加空间深度，而且能增强人们对雪景的感受。

焦距16mm　　光圈F22　　快门速度1/30s　　感光度100

↑这张照片中侧逆光的角度非常低，只照亮了积雪的一小部分。即使是这样，被照亮的那一部分仍然得到了很好的表现

焦距18mm　　光圈13　　快门速度1/125s　　感光度100

↓在这片雪地上，因为侧逆光的存在而让树枝的影子轻轻地留下来了。而且这样的光线下，雪地的质感也被表现了出来

📷 焦距30mm　　🔘 光圈F8　　〰 快门速度1/120s　　📷 感光度100

↑薄雾中的树林，在清晨道道光束的照射下，而且这些光束还带着太阳的色彩，在这样的低色温光线下，白色的冰雪呈现出暖色的感觉，使得整个画面充满了阳光的温暖感

≫ 用晨昏光线为冰雪增添温暖色彩

　　一般情况下，我们看到的冰雪都是白色的，但是随着光线环境的不同，冰雪也可以表现出一些少见且亮丽的色调。清晨和黄昏的光线大多会有金黄色或黄色的光芒散发出来，当这种低色温的光线照射在冰雪上时，白色的冰雪也就被赋予了金黄色或黄色调子，使画面具有了温暖的效果。

　　晨昏时刻红色、橙色。光线的色温大约在2500K～3500K之间，阳光中多是红光、橙光，而且由于色温变化很快，因此相机的白平衡也应该随之变化，不要固定在一个模式拍摄。为了突出画面的暖色气氛，可将白平衡设置为阴天模式。

　　测光模式需要根据拍摄情况灵活调整。前景是剪影时就需要采用点测光模式来对场景较亮处测光，拍摄大场景时可以根据测光区域的大小来选择合适的测光模式，建议采用点测光模式对画面亮部或次亮部区域测光。

📷 焦距400mm　　🔘 光圈F11

〰 快门速度1/500s　　📷 感光度100

←这幅画面利用侧逆光角度的晨光，拍摄下冰块被光线照射的场景，金色的光线增加了画面的暖色调气息

❯❯ 用曝光补偿增添冰雪洁白程度

　　冰雪是冬季的一大特征，寒冬腊月，当大雪纷飞，冰雪覆盖大地时，正是摄影冰雪的大好时机。许多影友一看到冰雪就满心欢喜，拍起来更是心情激动，但拍出来的照片却很少有满意之作，往往与拍摄时的设想和构思相差甚远。究其原因，恐怕是未掌握拍摄要领，对冰雪摄影的特殊性缺少了解之故。

　　走在铺满积雪的地面上，我们会感觉眼前的世界更亮，而这种视觉感受就源于积雪具有较强的反光作用，然而这种过强的反光作用却对数码相机的测光系统造成了误导。在测光时大部分的数码相机其测光值是由景物反光来获取的，因此如果拍摄者直接对着雪景来进行测光，所拍摄出来的画面会偏暗，此时就必须进行曝光补偿才能获取正常的曝光。

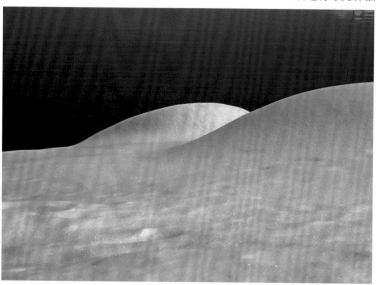

📷 焦距115mm　　⭕ 光圈F11
〰 快门速度1/500　ISO 感光度100

←拍摄时直接按数码相机的测光结果拍摄出来的雪景效果，显得较为昏暗，没能将冰雪的洁白表现出来

📷 焦距115mm　　⭕ 光圈F11
〰 快门速度1/250　ISO 感光度100
曝光补偿+1EV

↓增加了曝光补偿之后，画面中的冰雪呈现出了应该有的白色，在蓝色背景的衬托下格外洁白

由于相机在测光、曝光时都将场景中被摄元素一律按照中灰影调来对待，因此在表现高亮度的白色或浅色调对象时就会自动减少曝光量，容易出现曝光不足，因此在拍摄过程中，拍摄者需灵活使用曝光补偿功能，通常拍摄浅色调对象时需进行曝光"正补偿"，即增加曝光量，通过补偿，准确地还原被摄场景的影调色彩。

| 焦距200mm | 光圈F16 | 快门速度1/250s | 感光度100 |

拍摄大面积的白雪很容易产生测光失误的情况，拍摄者需要将测光点对准雪地的次亮部分，然后增加曝光补偿，保证画面准确地还原雪景的白色

达人支招

▌曝光补偿多少挡合适

在拍摄雪景、雾景等特定内容的风光照片时，如果蓝天、白云等浅色调内容占了较大面积，这时，就要考虑适当地增加曝光量，所以说被摄对象亮度比较高时需要作曝光正补偿。拍摄时采用的顺光，那么顺光时至少增加半挡，侧光加一挡左右。如果是逆光，就要针对太阳的位置高低来选择，如果想充分表现画面中的细节的话，就要适当增加1.5~2挡左右曝光量。

▲ 尼康D800曝光补偿界面

▲ 佳能EOS 5D Mark III曝光补偿界面

5.5 拍摄树林的用光与曝光

不同的季节里，不同的树种都有各自美妙的形态，生机勃勃的、神秘奇特的、高大低矮的、苍劲古老的等各具特色，这些美景都需要在拍摄的时候巧妙运用不同的光影和视角来表现出来。

▶▶ 用柔和的阳光还原树林色彩

无论是被云层遮挡还是被其他建筑或物体遮挡而形成的散射光，都没有明显的方向性，不会让被摄体形成明显的受光面和阴影面。这种光线却会让被摄体呈现出丰富的细节，具有最佳的色彩饱和度。

在植物多样、色彩丰富的森林里，植物的枝叶相互遮挡后形成柔和的散射光，用这种光线来拍摄各种色彩的植被，会让其色彩表现饱和且舒适。在这种环境光线下拍摄出来的景物还具有安静、柔美的感觉。

📷 焦距138mm　　🔘 光圈F10　　〰 快门速度1/100s　　ISO 感光度100

↑光线轻柔地照射在树林间，拍摄者以红色、绿色和黄色来构成画面的主要色彩，虽然没有强烈的质感，但是树林的色彩还是被很好地表现了出来

📷 焦距200mm　　🔘 光圈F29　　〰 快门速度1/30s　　ISO 感光度160

利用上午柔和的光线拍摄树林，拍摄者以较小的光圈拍摄红色的树叶，背景使红色树叶得到突显的同时也让观者看到了秋季多姿的色彩

📷 焦距102mm 　⭕ 光圈F4 　〰 快门速度1/1250s 　ISO 感光度100

↑在秋日的逆光光线下拍摄，树林和每一棵树都没有明暗的线条界限，也没有产生任何阴影，但画面所呈现的色彩却又特别的饱和细腻

📷 焦距180mm 　⭕ 光圈F22 　〰 快门速度1/125s 　ISO 感光度100

↓上午柔和光线下的树林，不仅画面柔美，而且也带来了静谧温暖的色彩氛围

森林中由于植被的多样性，所以色彩也丰富多样。在镜头下，面对多样的色彩很多拍摄者往往很难做出一个理想的搭配和取舍，想将各种色彩都表现出来，却不料让画面显得杂乱。摄影其实就是一个删繁就简的过程，在拍摄时可以按照人们的视觉习惯掌握好单一色彩、对比色和相邻色的表现效果，以此得到比较好的画面效果。

由于是在柔和光环境下，在此时测光就显得比较简单。通常情况下只需要选择合适的测光模式将测光基准点选择在画面的主体上就可以了。

➤➤ 在逆光或侧逆光下表现树林剪影效果

大多数树叶的质地都非常薄，所以在侧逆光或逆光光线下都会具有透光的效果。在透光效果的渲染下，树叶的色彩就会显得更加鲜亮、艳丽。

当观察侧逆光下的景物时，接近光源的景物其轮廓会比较强烈，远离光源的景物其轮廓会比较模糊。将在侧逆光下景物呈现出来的轮廓和透光性就有明暗的差异，但这种差异在画面中的表现会非常自然。

焦距18mm　　光圈F10
快门速度1/180s　感光度100

←笼罩在薄雾中的树林，在侧逆光的穿透下，给人一种虚幻的感觉，使画面形成神秘的视觉效果

笼罩在薄雾中的树林，在侧逆光的穿透下，给人一种虚幻的感觉，使画面形成神秘的视觉效果。

在逆光环境下，要想让景物以剪影的形式呈现，最重要的是对画面的测光。与一般测光不同的是，在逆光下要选择背景中较亮的部分作为测光点，这样才能让主体被光线淹没而化为剪影。剪影具有很强的造型效果，它能有效地突出被摄体的形态和线条，区别被摄体与被摄体、被摄体与环境背景的关系。

拍摄逆光下的剪影效果还要注意对被摄体的选择，如果主体选择得不够恰当，即使曝光正确也不能得到很好的画面效果。一般说来，为了让剪影效果更具吸引力，在选择景物时需要选择轮廓清晰且造型奇特的景物，这样拍摄出来的画面效果才更有趣味，更具美感。

焦距80mm　　光圈F8
快门速度1/100s　感光度100

←光线从树林的后方照射过来，若隐若现的树林带给画面神秘的视觉感受

≫ 用前侧光表现树木表皮裂纹质感

质感，就是指物体的表面纹理，是画面表现力很重要的一部分。质感有软有硬，有光滑有粗糙，借助物体的质感就可以突出物体的特征，让我们在不接触这些物体的情况下也能感受到它的质地。

在自然界中，每一种物体都有自己的质感，或光滑或粗糙。但是仅仅表现自身质感是不够的，还需要有光影的补充才会表现更完美，而前侧光就是这样一种突显质感的光线。由于前侧光来自被摄体侧前方，会让景物大部分照亮，小部分表现出阴影的特点，且阴影部分的过渡非常自然。这些自然过渡的阴影也就让物体的质感清晰而明显地呈现了出来了。

🎞 焦距90mm　◎ 光圈F32　〰 快门速度1/15s　ISO 感光度100

↑前侧光照耀在干裂的枯树上，让我们清楚地看到它岁月的纹路，而这些斑驳的纹路就是树木的质感

在前侧光下，测光时只需要找准主体被照亮的那一部分作为测光基准，然后利用点测光或者局部测光模式对着枯木测光，如此就可以将枯树所呈现的干裂形态与粗糙的表面质地清晰而精细地刻画出来。同时，在构图时也要适当考虑到画面的投影，最好找到最佳角度让主体与自身的阴影能形成相映成趣的一幅光影画面。

🎞 焦距28mm　◎ 光圈F22　〰 快门速度1/200s　ISO 感光度100

↓山谷里生长着一棵形状奇特的老树，为了突显老树的纹理，拍摄者选择了前侧光来表现它的质地

5.6　建筑摄影的用光与曝光

对城市、古镇建筑的摄影来说，主光源多为日光，它的光照角度、亮度、色彩都会随地点、季节、时间和气候条件的不同而变化，并能直接影响画面中建筑的影调和气氛，所以在拍摄城市、古镇建筑时就要充分利用好不同的光线特点，要用心观察建筑在各种光线照射下的微妙变化，从而捕捉精彩的瞬间，使照片中的建筑不但真实，而且优美。

》 用前侧光表现城市建筑轮廓造型

建筑是立体的景物，我们要在平面上表现出建筑的立体感，光是不可缺少的条件。而用正面光线拍摄出的建筑，画面中几乎不会出现光影的投影效果，所以我们何不试将光照的角度稍微移动一些，大约到45°侧光的位置呢？

在45°侧光角度拍摄的建筑，会有大部分受光，画面明亮，影调会显得明快。而产生的一定阴影，使画面中的建筑形成多重明暗层次，影调丰富、鲜明，突出了被摄建筑的立体感和深度，细致刻画了建筑表面结构的质地，细节表现力强，给人一种触手可及的真实感。

◉ 焦距18mm　◉ 光圈F11　〓 快门速度1/250s　ISO 感光度100

↑借助前侧光的照射，较好地将建筑的轮廓造型体现出来，而且前侧光所带来的阴影也为画面带来明暗视觉感，增加了画面的层次

◉ 焦距24mm　◉ 光圈F16　〓 快门速度1/160s　ISO 感光度100

前侧光下使用广角镜头仰视拍摄，牌坊的形态和立体感都得到较好体现

用光与曝光艺术与创意

焦距22mm 　光圈F8 　快门速度1/2000s 　感光度100

在阳光强烈的前侧光角度下，城市高楼的形态得到完美地展现，并且也让高楼表现出了强烈的立体感

》 在雨后用散射光表现古镇自然清新

雨后，天空中往往还有较多的云层，阳光被云层遮挡，不能直接投向被摄物，被摄物依靠散射光照明，就不会形成明显的受光面和阴影面，也没有明显的投影，光线效果比较平淡柔和。

古镇的建筑特色在于一个古，古色古香的楼台亭榭，经历磨损略显沧桑的石板路、小桥流水等，无不体现出一份历史的厚重感。拍摄古镇时一定要将这种特色凸显出来，古镇大都没有色彩上的大起大落，有些甚至是清一色的灰色，所以在拍摄时，可以适当地运用一下比较鲜艳的色彩来增加画面的亮点，比如可以利用红灯笼、绿树、彩色的小旗等来增加画面的视觉感。

📷 焦距32mm　　⭕ 光圈F8
〰 快门速度1/125s　　🔢 感光度100

↑在雨后的光线下拍摄，散射光很好地将白墙灰瓦的建筑表现出来，而画面中的红灯笼则带来视觉的亮点，为古镇增添了意境

📷 焦距28mm　　⭕ 光圈F7.1
〰 快门速度1/200s　　🔢 感光度100

←雨后的古镇清新迷人，民居上挂着的农作物以及屋檐下的褪色的红灯笼，无不彰显出古镇的宁静祥和，体现出古镇清幽安静平和的意境

古镇的建筑大多错落有致，拍摄起来具有丰富的层次感，但却很难体现空间上的纵深，在水平位置拍摄就很难表现出古镇的全貌，因此要拍摄全景或是大场景时，最好选择较高的位置拍摄，这样更有利于展示古镇的整体面貌。

雨后拍摄风景或者花草都是很不错的，此时空气纯净清新，被雨水冲刷得干干净净的绿叶和花朵在镜头下很好地展现出本来的色彩。而且雨后，地面上的反光可增进情趣，更能表现出古镇的意境。

🔘 焦距27mm　⭕ 光圈F8　〰 快门速度1/60s　🔲 感光度100

→雨后湿漉漉的青石板路显得格外清新，在散射光的照射下见证古老岁月的青石板凹凸不平，与两旁的古老民居一起组成一幅充满意境恬淡的画面

🔘 焦距108mm　⭕ 光圈F11　〰 快门速度1/160s　🔲 感光度200

↓雨后的天空，仍然灰蒙蒙的一片，小镇仿佛披上了一层薄薄的轻纱，为画面带来宁静的感觉

5.7 花朵摄影的用光与曝光

花朵是大自然的精灵，形态不一的造型、五彩缤纷的色彩，都会吸引影友的目光，因此花朵也成为最常见的摄影题材。

❯❯ 散射光表现花朵真实色彩

📷 焦距300mm 　⚙ 光圈F5.6 　〰 快门速度1/200s 　ISO 感光度200

↑ 在散射光环境下，拍摄五彩缤纷的花朵，由于拍摄采用了镜头的最大光圈且背景较远，所以画面的背景得到了非常好的虚化。而这样的虚幻感觉正好为散射光下柔美的花朵增添了更多的唯美气息

从天气的角度来说，拍摄户外花朵可以在有直射光的晴天，也可以在具有柔和散射光的阴天。在这里，我们着重为影友们介绍如何在阴天的散射光环境下来拍好花朵。

在散射光环境下拍摄，是因为它的运用非常灵活，光线没有明显方向性，拍摄出的画面影调也显得很柔和，反差适中，具有柔美娇嫩的画面特点。在散射光照耀下，花朵各部分受到的光照比较接近，画面的反差就会很小，整体来说画面的中间调会表现得非常丰富，花瓣的色彩饱和度也很高。

📷 焦距195mm 　⚙ 光圈F6.7 　〰 快门速度1/180s 　ISO 感光度100

↓ 这幅画面中，荷花的色彩是散射光色彩饱和的最好例证

花朵总是以色彩和造型取胜，所以在关心光影的同时还要注意对色彩的处理。为了适应人们的视觉习惯，一幅花朵图片应该有和谐的色调，而不能杂乱无章。大红大绿，虽然刺眼，但处理得当也艳丽悦目；轻描淡写，虽然平淡，如能运用合理也显淡雅幽远。

对于利用散射光拍摄，测光一般不是太大的问题。基本上用中央重点测光模式就可得到正确的曝光。而使用评价测光模式或矩阵测光模式也可以得到较好的曝光。

[📷] 焦距100mm　　[○] 光圈F4
[〰] 快门速度1/160　　[ISO] 感光度160

→散射光下的花朵，饱和的红色与白色线条，使花朵的色彩得到了非常好的表现

达人支招

▎晴天条件下如何拍出雨后娇艳欲滴的效果

雨后的鲜花更有灵气，如果花瓣上再有一些水珠那是再好不过的了，而且雨后这段时间光照柔和，加上没有灰尘的影响会显得更加鲜艳。

如果因为时间关系错过了这些机会，这时可以采用"人工降雨"的方法来模拟雨珠。可用随身携带喷水壶，或是带喷嘴的化妆品瓶、矿泉水瓶来为花朵增加水珠。

[📷] 焦距100mm　　[○] 光圈F3.5　　[〰] 快门速度1/200s　　[ISO] 感光度100

→为了能使拍出的花朵栩栩如生，更加艳丽，可在花上喷洒适量的水，以形成露珠状为宜，这样拍出的花更加晶莹剔透、生机盎然

≫ 用正面光表现花朵大场景

很多人都认为拍摄花朵时正面光应当是首先被排斥的光线，因为正面光不能制造出良好的光影效果，而且会削弱花朵本身的立体感，即使用正面光拍摄也只能拍出平淡无奇、缺乏神韵的照片。是的，我们不可否认在与其他光线相比的条件下，正面光确实不是最好的。但是，在某些情况下，比如拍摄大面积的花海，利用正面光能让被摄景物得到均匀受光、画面几乎没有反差的特点，却可以得到很好的画面效果。

在正面光下拍摄大面积的花海，为了表现出花朵的数量、突出花海的视觉效果，建议使用广角镜头。在安排画面构图时以全景构图为最佳，画面中花朵的面积应占画面的大部分，适当延伸到远处的背景，以反映出花海的宽广。

由于拍摄光线为正面光，所以在测光的要求上不太严格。影友利用最简单的评价或矩阵测光模式即可。但是有时候也要注意，如果拍摄环境中的光线非常强烈，或者场景中光线有明显的反射时，那就最好不要拍摄，因为这样会影响画面的表现效果。

　焦距17mm　　光圈F13　　快门速度1/200s　　感光度100

↓ 正面光下拍摄大场景花朵时，可利用不同颜色的花朵所形成的线条进行构图，从而增加画面的视觉效果，并突显大场景的宽阔效果

🔲 焦距19mm　　⭕ 光圈F16

📏 快门速度1/400s　🔵 感光度100

↑ 正面光下的天空中白云飘荡，以这样的光
线条件拍摄花朵的大场景，拍摄出来的画
面安静清澈

🔲 焦距46mm　　⭕ 光圈F20

📏 快门速度1/200s　🔵 感光度100

→ 在正面光下拍摄大场景的花朵时，纳入远
处的云彩作为远景，而树木作为中景，在
近景花朵的衬托下，画面表现出一定的空
间感

≫ 用前侧光刻画花朵形态

拍摄花朵时，前侧光是人们认为最理想，也是最常用的摄影光线。这种光线对花朵光照造型效果很好，能增强花朵的立体感，让画面层次分明，得到阴影和反差适度、色彩饱和度适中的漂亮画面。

焦距300mm　光圈F8　快门速度1/1000s　感光度100

↑光线从右前方照射到花朵上，在花朵上形成了部分明显的明暗对比，光与影的结合，将花朵的形态清晰地展现出来，使画面有了立体感

焦距100mm　光圈F3.5　快门速度1/80s　感光度200

←这张画面中，前侧光照耀在花瓣、花茎上，让它的色彩、造型都得到了较为细致地描绘

在选择花朵的拍摄光线时到底该如何决定用什么样的光线最好呢？当你看到一朵花时最好绕着花朵的四周走一走，再从不同位置通过取景器观察这朵花在光线下看上去如何，然后在最吸引你眼光的位置进行拍照。

前侧光可以在被摄主体上产生明显的光影效果，使景物有丰富的影调，突出深度，产生立体感，尤其能将表面的质地精细地显示出来。测光时可按照天空蓝色主色彩的亮度进行测光，以此来确定相机的曝光组合。

📷 焦距28mm ⊙ 光圈F4 ⚡ 快门速度1/125s 📷 感光度200

↑藏在不起眼角落中的迎春花，被前侧光所照亮，花朵的形态得到较好的描述

📷 焦距28mm ⊙ 光圈F8 ⚡ 快门速度1/250s 📷 感光度100

↓红色的花朵，在前侧光的照射下，形态特征得到很好的体现，而虚化背景的运用，也增加了画面的视觉效果

➤➤ 用侧光表现花朵立体感

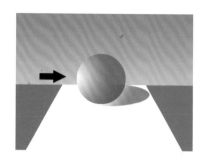

　　侧光在这里也包括了前侧光，在这两种光线下，画面上既有阴影，又有明亮的地方，因此这种光线可以很好地表现出花朵的立体感和形态特征。而且画面中的的阴影会表现出明显的方向感，在景物的另一侧留下影子，从而为画面构成丰富多彩的造型效果，增强了画面的艺术效果。

　　由于被摄体朝向光线的一面沐浴在强光之中，每一个小细节都被突出出来，而背光的那一面掩埋进黑暗之中，阴影深重而强烈。因此，侧光有时也被称作"结构光线"。侧光在摄影中主要应用于表现强烈的明暗反差或被摄物局部轮廓造型的拍摄场景。

◎ 焦距100mm　　◎ 光圈F4.5
～ 快门速度1/160s　　ISO 感光度100

←侧光照亮了花朵侧面，由于花瓣的起伏与变化以及侧光本身的照明效果，让花形成了有明暗对比差异的受光面与背光面，轮廓形态和立体感都得到了清晰表现

◎ 焦距200mm　　◎ 光圈F4.5
～ 快门速度1/500s　　ISO 感光度100

↓俯拍花朵，由于侧光带来明暗的光影，不仅表现了花朵的柔美和形态，同时，也增加了花朵的立体效果

⊙ 焦距300mm　◐ 光圈F5.6　〰 快门速度1/160s　ISO 感光度200

↑拍摄时，用点测光模式对着画面中高光处测光，得到深色背景来衬托，使画面的色彩鲜艳，
花朵的轮廓线也被清晰地勾勒了出来，侧光对形成的阴影也为画面带来立体感

　　侧光下的主体表面会呈现清晰的阴影区域，根据光线强度的不同，主体的明暗反差也有所不同。当光线越强烈时，阴影区域越明显，明暗反差越强烈；而当光线越微弱，阴影区域也就越微弱，画面的明暗反差也就越小。

　　由于侧光可以让主体画面出现清晰的明暗区域，因此立体感会更加突出，作品的视觉效果更强烈。由于花朵主体通常较小，即便是强烈的侧光，也不会对测光结果带来严重的影响，因此一般局部或均价测光模式就可以应对绝大部分光线环境。

达人支招

▍侧光下拍摄花朵如何测光

　　要得到侧光下最美妙的光影效果，既需要时机也需要准确的曝光。对于把握时机，则要注意观察太阳照射的方向和高度。比如在晨昏时分，太阳的入射角度非常低，景物所留下的投影也就相应变长。拍摄时，拍摄者只要根据表现意图来做适当地判断和选取就好了。在测光时，由于场景内的明暗反差非常大，所以建议采用点测光模式来得到精准的测光，并对准画面中较亮的部位进行测光。

▲ 佳能EOS 5D Mark III点测光模式设置界面

▲ 尼康D800点测光模式设置

≫ 用逆光突显花瓣纹路

在花朵摄影中，逆光以高反差的明暗构图，形成令人耳目一新、百看不厌的艺术造型。逆光可以勾勒出花朵优美的线条，为花朵、花枝、花叶镶上金边。逆光还可以使被摄花朵的主体与深暗的背景拉开距离，让画面形成直接的纵深感和空间距离。在逆光下，如果花朵的质地较厚，还可以让花朵呈现黑色的剪影效果。

焦距70mm	光圈F8
快门速度1/250s	感光度400

↑在逆光的照耀下，花朵从形态到色彩都带来了非一般的魅力。在画面中，花瓣的透光性为画面增添了光彩

焦距24mm	光圈F5.6
快门速度1/250s	感光度100

←逆光下拍摄花朵，其较好的通透性将花瓣的纹理清晰地呈现在了画面中

在逆光光线下拍摄宜选用暗背景以突出花朵的效果。在自然环境下拍摄逆光花朵，倘若场面很大，那就要细心用镜头选择取舍，分清主体、陪体，使两者出现相得益彰的整体反差，获得明暗对比较强烈的艺术效果。

逆光虽好，但也不是任何一株植物都适合逆光拍摄，要选择透光的、明暗恰到好处的花枝才能充分展示花的姿容。无论用哪一类逆光，光线的高低及左右的角度对拍摄逆光下的植物都很重要，拍摄者要根据不同的视角，不断观察，这样才能选择到最能体现花瓣纹理的拍摄角度。

焦距300mm　　光圈F5.6　　快门速度1/200s　　感光度100

↓ 为将逆光下花朵的花瓣纹理表现出来，拍摄时，使用点测光模式对准花瓣测光，以将花瓣的纹理表现出来

第 **6** 章
人像摄影用光与曝光实战

不论是在户外还是室内，拍摄人像都需要光线的照明与造型。不同性质、不同方向或者不同强度的光线对于画面的呈现起着至关重要的作用。可以说用好了光，拍摄就完成了一半。下面本章就通过实例为大家讲解，拍摄人像时不同光线的用光技巧。

6.1 户外人像的用光与曝光

一般来说，户外的自然光就是日光，它不仅照亮了整个世界，还可以根据不同的天气形成不同的光线效果。利用自然光拍摄户外人像，就要根据当时的光线特点，突出人物的不同外形，以表现画面的主题。

>> 用正面光表现人物外形特征

正面光是从拍摄者背后投射到被摄人物正面的光线，此时光源与相机的方向一致，光源与被摄人物基本垂直，人物基本上全部受光。以正面光拍摄人物，特别适合表现人物的外形特征。

曝光与画质

正面光画面光线分布相对均匀，此时采用多分区测光模式测光，可以保证画面各区域曝光良好，同时选择低感光度搭配能够让画面色彩更为细腻，突出其原有的质感。

注意控制表情

在以正面光方向拍摄时，人物往往会因为正对光源而难以睁开双眼，此时可以让人物在拍摄前先闭上眼睛，拍摄前喊："3，2，1，睁眼"再拍摄即可。除此之外，拍摄闭眼的模特也不失为一种表现手法。

如何避免正面光下的平淡

正面光照片由于光线以正面平均的角度照射人物，往往会让画面显得较为平淡，不能体现人物的立体感和整体的空间感。

要改善此种问题，就要从人物本身下手，让人物摆出具有曲线或者夸张的姿态，以此来增加画面的线条和轮廓。

◎ 焦距50mm　◎ 光圈F2
〰 快门速度1/1000s　ISO 感光度160

◎ 焦距78mm　◎ 光圈F3.2　〰 快门速度1/200s　ISO 感光度100

↓ 在正面光光位下拍摄花田中的孩子，由于光线从正面照射，人物的外形和服装色彩完全展现在观者面前，整个画面也处在明亮的色调当中

晴朗的直射光下，白衣少女面朝太阳在花田中起舞，正面光的角度让人物的正面形象充分展现，她投入的表情和舒展的身姿吸引着观者的全部注意力

第 **6** 章　人像摄影用光与曝光实战

≫ 用前侧光表现人物立体效果

前侧光照射下的人物面部会产生明显的明暗变化，既表现人物表情又增强了立体轮廓感，是非常适合拍摄人物的造型光线。

测光点需准确

前侧光下人物面部会产生不同的明暗区域，此时为了不产生曝光不足或者曝光过度的现象，选择面部次亮区域作为测光点为宜。拍摄完成之后根据画面效果再适当调整曝光补偿值来达到需要的画面明暗即可。

45°方向最佳

不同角度的前侧光当中，要数45°方向拍摄效果最佳。此种前侧光能够让人物面部较大区域处于明亮，同时又带来过渡恰当的阴影，画面层次也丰富了起来。

◎ 焦距90mm	◎ 光圈F8	◢ 快门速度1/200s	ISO 感光度100

←前侧光将人物五官细致的刻画在画面中，并因面部轮廓出现了很大的光比

◎ 焦距58mm	◎ 光圈F3.2	◢ 快门速度1/160s	ISO 感光度100

↓45°前侧光刚好让人物面部出现了半明半暗的过渡，展现面部立体感的同时带来了光影趣味

焦距135mm　　光圈F2.8　　快门速度1/1000s　　感光度100

光线强烈的午后，少女坐在一棵树下小憩，阳光从左前侧照射到她的身体上，让她身上出现了明显的明暗区域，为人物带来立体感的同时加强了画面的光影效果

≫ 用侧逆光营造朦胧光雾

侧逆光是从被摄者侧后方照射到镜头的光线，它兼具侧光和逆光的特点，既能照亮人物又能突出人物轮廓，赋予画面立体层次感。选对角度之后，还能得到朦胧光雾的特殊效果。

移动镜头寻找最佳角度

要让画面能够产生光雾，需要光线强度较大，侧逆光的适合角度就要慢慢调试，可以先让模特站在光源一侧，拍摄者再通过取景器观察变换水平角度，让光源与被摄者相交，并让光源出现在画面当中，由于光线直射镜筒光雾就因此产生了。

防止光斑产生

侧逆光拍摄人物，稍不注意角度就会产生光斑，虽然有时光斑会为画面增加亮点，但从摄影技术角度来说，这种光斑是可以且应该避免的，要避免这种光斑最好的方法是在镜头前使用遮光罩，并调节镜头与光源的角度，只要光线不直接进入镜头，就可避免光斑产生。

焦距95mm　　光圈F8　　快门速度1/250s　　感光度400

拍摄者选择以仰视角度拍摄侧逆光人物，此时光源位于人物左后侧上方，当人物头部稍稍一偏，光雾就产生了

焦距105mm　　光圈F2.8　　快门速度1/250s　　感光度100

↓侧逆光下模特乌黑的头发被照亮，呈现出如丝般的轮廓效果，使画面显得生动活泼，也让主体从背景中突出出来

用光与曝光艺术与创意

焦距120mm　　光圈F3.2　　快门速度1/320s　　ISO 感光度100

将近黄昏时分的光线带着极为好看的暖调，此时它从人物的左后侧照射过来，照亮人物轮廓的同时带来了朦胧的光雾效果，让画面都沉浸在梦幻的氛围当中，美丽的少女因此显得更加温柔动人

≫ 用散射光突显人物细腻肤质

散射光具有均匀柔和的特点，它不会产生明显的投影也不具有方向性，因此特别适合拍摄人像，得到质感细腻的画面效果。

保证曝光充足

散射光光线强度较小，特别是在阴天户外拍摄人像时，为了保证画面的曝光充足，最好选择人物面部作为测光点，以大光圈或者降低快门速度拍摄。如果选择低速快门，应注意搭配三脚架来稳定相机。同时为了提高画面质感，建议使用低感光度拍摄。

◎ 焦距100mm　　◎ 光圈F2.8
≋ 快门速度1/200s　ISO 感光度100

←散射光下的小宝宝细腻光滑的皮肤完全展现了出来。大光圈将视线都汇聚到人物面部，突出了他可爱的表情

人物与环境色彩分开

由于散射光本身视觉表现较为平淡，为了让画面更吸引人，可以选择比较明亮或者艳丽的色彩搭配人物服饰造型。注意人物本身的色彩要能与环境区分开，所以环境色彩可以选择相对深色或者单一的。

◎ 焦距240mm　　◎ 光圈F5.3　　≋ 快门速度1/200s　ISO 感光度100

↑在以绿色为主的环境当中，模特身着浅白色的服饰得非常醒目，散射光表现了模特细腻的肤质

焦距85mm ◎ 光圈F2.5 ▤ 快门速度1/300s ISO 感光度500

在多云的散射光条件下拍摄人像，模特原本红润的皮肤呈现出光滑细腻，画面整体色彩柔和，很好地表现出女性柔美的气质和自然朴实的魅力

第 6 章　人像摄影用光与曝光实战

≫ 用逆光制造人像剪影

逆光的独特之处就在于可以制造极具视觉冲击力的人物剪影，这种光比极大的画面将人物简化为黑影轮廓，强化其姿态美感。那么在逆光情况下如何拍出好看的剪影呢？

测光需谨慎

在逆光条件下拍摄，为了获得剪影效果，拍摄者应使用点测光模式，对准画面环境中最亮或次亮区域（如光源附近高光区域、人物身体的边缘）进行测光，然后按住测光锁定按钮并移动镜头重新构图拍摄。

焦距18mm　　光圈F22　　快门速度1/250s　　感光度400

↓逆光很好地表现出人物的轮廓，搭配环境的大场景，突出了趣
　味性的画面效果，又充分表现出剪影的艺术魅力

选对拍摄时间段

一般来说剪影多用于拍摄外景人物的情况，而要获得轮廓清晰的剪影和美丽动人的背景，最好选择晨昏时分来拍摄。这是因为这个时段天空中的光线非常柔和，而且受低色温的影响，天空也会表现出多姿的色彩，烘托出良好氛围。

📷 焦距26mm　◎ 光圈F11　🎞 快门速度1/500s　ISO 感光度800

→傍晚的篮球场，孤独的运动员正投出最后一球，以剪影形式表现此种场景人物，特别具有戏剧性的画面效果

≫ 避开强烈直射光与正午顶光

　　正午太阳当头，光线从上方直接照射下来，形成顶光。此种直射光线其实不适合拍摄人像，因为人物在这种光线照明下，面部会形成上亮下暗的效果，人的眼窝深陷，鼻影、嘴影都会很重，不过我们可以通过几个方法来避免这个问题。

巧用道具来遮阳

　　顶光的恼人之处就在于它会让人物面部产生难看的阴影，同时直射到人物双眼，干扰人物表情正常的呈现。不过这些问题可以通过几个小道具来解决，一顶透光的遮阳帽、一副太阳镜或者直接用双手放在眼睛上方遮挡光线都是可以的。不过要注意，如果光比太大，遮挡处会形成明显的阴影，因此要注意遮挡物要有一定的透光性。

　📷 焦距34mm　　📷 光圈F10　　≡ 快门速度1/250s　　ISO 感光度100

↑在海滩边拍摄，选择具有海洋风情的遮阳帽作为道具再好不过，既可以表现环境特色，又能遮挡强烈的顶光

寻找树荫避强光

　　在正午光线强烈的时候拍摄，寻找拍摄地点很重要，像公园、森林或者其他树木较多的地方就非常合适。这些地方的光线会被环境元素遮挡住一部分，不会过于强烈，而阴影下光线也较为柔和，可以使人的肌肤显得细腻。

　📷 焦距22mm　　📷 光圈F7.1　　≡ 快门速度1/200s　　ISO 感光度100

↑强烈的光线透过树林照射到少女身上，此时环境起到了很好的遮光作用，画面形成了明显的明暗区域，人物曝光正常

焦距50mm　　光圈F2　　快门速度1/1600s　　感光度160

如果一定要在正午直射光下拍摄，让模特戴上墨镜就是一个两全其美的方法，此时强烈的光线能够让人物面部产生立体感，同时人物也不会在刺眼的光线照射下闭眼

达人支招

▌遮阳伞的妙用

正午的光线是从上向下照射人物的顶光，此时强烈的光线会让人睁不开双眼，也会在人物面部留下不好看的阴影。

除了前面的几种遮光方法之外，选择一把半透明的遮阳伞也是非常合适的，它能将光线柔化，还可以起到衬托主体的作用。

焦距50mm　　光圈F2.5　　快门速度1/400s　　感光度100

第 6 章　人像摄影用光与曝光实战

>> 用逆光加闪光灯为人物面部补光

前面介绍了逆光剪影的拍摄方法，如果在逆光下想要表现人物的正面形象，那就必须对人物补光，而选择闪光灯来补光是最好的办法。

外置闪光灯效果好

相比数码相机内置的闪光灯，购买一款外置闪光灯来补光效果会更好。外置闪光灯可以调控输出功率，从而控制光线强度，它还能自行改变光线的方向，达到需要的角度，如果加上柔光罩还可以得到柔和的补光光线。

闪光灯补光注意事项

使用外置闪光灯为逆光人物补光时，注意选择柔光伞来柔化均匀光线，且闪光灯强度不要高于太阳光的强度；快门速度要在安全快门之内，保证获得良好补光。

📷 焦距85mm ⭕ 光圈F4 〰 快门速度1/200s 🔲 感光度100

←使用加了柔光罩的外置闪光灯让处于逆光光位的人物正面形象清晰地展现，整个环境都处于亮调，表现一种清新脱俗的人物特点

📷 焦距50mm ⭕ 光圈F2.8 〰 快门速度1/100s 🔲 感光度100

↓为了让补光光线柔和均匀，拍摄者使用柔光伞放置在闪光灯前，同时适当调整角度，保证人物整体受光充足，在逆光下尽显轮廓外形美感

焦距80mm ◎ 光圈F5.6 快门速度1/160s 感光度100

黄昏的沙滩，太阳正缓慢地落下，以逆光光位拍摄人物，为了获得
人物正面的表情，拍摄者使用了闪光灯拍摄，让女郎曼妙的身姿和
娇美的容貌都得以突显

➤➤ 用侧光加反光板缩小人物面部光比

使用侧光拍摄人像时，光线从人物垂直侧面照射，人物只有一面受光，从鼻子部分开始产生明显的阴影，形成阴阳面，极富立体感。此时最好在背光一侧利用反光板补光，保证暗部细节不会丢失，更有助于表现人物外形特点。

使用银色反光板

在利用反光板为侧光人像补光时，最好选择银色反光板。银色反光板反光性能较强，能产生明亮的光，适用于这种反差较大的场合。同时它还能在较远处为无法靠近的主体补光，特别是在拍摄人像时，能够利用它的反光让人物眼睛更加有神。

测光注意事项

选用点测光模式可以准确测量画面的重点区域；选择画面亮部区域作为测光点进行测光，这样可以使画面的高光点不出现过曝。

◉ 焦距135mm　◯ 光圈F2.8　▱ 快门速度1/1000s　ISO 感光度250

→银色反光板为人物左侧背光的面部补光，人物面部明暗过渡柔和，表情也清晰地展现出来

◉ 焦距200mm　◯ 光圈F5　▱ 快门速度1/200s　ISO 感光度100

↓强烈的侧光照射人物，此时画面的高亮区域就是人物右侧面部，选择这里作为测光点，搭配点测光模式，保证画面整体曝光准确

焦距92mm　　光圈F10　　快门速度1/800s　　感光度400

从右侧照射过来的光线将人物面部四分之三照亮，此时拍摄者在左
侧利用反光板补光，保证人物面部光影过渡均匀，同时缩小了光比
带来了眼神光，得到了柔和自然的人物表情

6.2 室内人像的用光与曝光

　　室内环境可以利用的光线较多，既可以是从户外照射进来的自然光，也可以是摄影棚里专用的灯箱，还可以是家居环境中的照明灯光，光线种类繁多，当然也就需要各位影友细心挑选使用，才能保证人物形象的良好呈现。

>> 用单灯表现人物的鲜明个性

　　在摄影棚当中使用单灯拍摄，不增加柔光罩就会产生直射光，直射光会带来较为硬朗的画面效果。此时光源的位置以及相机参数的设置对于画面的影响就会非常大，需要大家谨慎选择。

多多尝试不同光位

　　摄影棚当中环境相对封闭狭小，使用单灯拍摄可以尝试多种光位，不论是顺光表现外形、侧光突出立体感还是逆光烘托轮廓，都能够展现人物不同的个性。应注意光源与模特的距离应该保持在1~2米左右，保证人物受光充足。

📷 焦距67mm	⭕ 光圈F10
🎞 快门速度1/160s	ISO 感光度100

←选择以侧逆光光位的单灯拍摄女性人像，侧逆光带来的光雾烘托出朦胧的氛围，同时光线照亮人物轮廓，将其身体曲线美感尽显

选择增加柔光罩

　　单灯拍摄时如果不想让画面中的光线太硬，可以选择增加柔光罩来柔化光线，它也是最有效的表现人物皮肤的质感和五官特点的方法，非常适合拍摄柔美女人像。

📷 焦距75mm	⭕ 光圈F8
🎞 快门速度1/200s	ISO 感光度100

←以单灯柔光箱前侧光拍摄模特时，由于人物面向光源一侧大部分身体都能受光，突出了人物外形，同时合理的阴影又表现出了一定的立体感

焦距55mm　光圈F5.6　快门速度1/200s　感光度100

强烈的左侧光将男子的面部一侧照亮，而另一侧则淹没在黑暗之中，这
种强烈的明暗对比产生了戏剧性的画面效果，表达出男性的刚毅之感

≫ 用单灯加反光板增添画面层次

以单灯拍摄人像，不论是以柔光箱还是聚光灯作为光源，人物的面部都多多少少会产生一定的阴影，此时利用反光板为阴影补光则能够让人物面部过渡更为自然，画面层次也更为丰富。

前侧光布光法

使用单灯加反光板布光，为了增强画面的层次，也为了表现人物形象，以前侧光布光为宜。应注意反光板可以直接在光源另一侧面对模特进行补光，从而保证其身体光影过渡均匀。

选用入射式测光表

如果对于画面曝光控制不是很有把握，则可以选购一款入射式测光表。拍摄前需根据相机的最高闪光同步速度设定一个需要的快门值，在外置测光表上设定与相机相同的感光度，之后通过闪光测试测得所需光圈值，选择手动拍摄模式，调整到该光圈值进行拍摄，得到合理的画面曝光效果。

◉ 焦距78mm　◉ 光圈F8　◢ 快门速度1/250s　ISO 感光度100

→拍摄者在人物左侧利用柔光罩打灯，为了让其右侧面部能够明亮，在右下方利用反光板进行补光，得到了较为自然的画面效果

◉ 焦距90mm　◉ 光圈F3.2　◢ 快门速度1/200s　ISO 感光度100

↓使用测光表对准儿童面部测光，确保了在较为复杂的光线环境中都能得到曝光准确的画面

焦距85mm　　光圈F10　　快门速度1/160s　　感光度100

单灯拍摄时由于画面光源单一，表现在人物面部的光影也会较为单调，此时通过反光板补光可以增添画面层次，还能得到较为柔和的面部阴影，此时，与亮部暗部过渡也较为自然

>> 用双灯表现人物的自然明丽

当影棚有两盏射灯时，拍摄者可以制造更多的光影变化，而其中以双灯打平光最为常见。此种布光法可以突出人物造型和皮肤柔腻质感，产生较为明朗的色彩氛围，从而表现人物活泼的性格特征。

柔光罩很必要

利用双灯打平光时，为了让光线柔和均匀，最好使用带有柔光罩的灯箱。布光时将两盏柔光灯箱位于人物前方两侧照射，从而最大程度地减弱甚至消除在人物身上产生的阴影，产生一种平光的效果。

手动调控光圈快门

在没有外置测光表时，为了获得合适的曝光，可以使用手动模式，先将光圈调整到F8左右，并将快门速度设在最高闪光同步位置上，然后根据实拍情况，通过光圈控制光线强度，光圈值大，减少画面亮度；光圈值小，增加画面亮度。

🔘 焦距105mm　🔘 光圈F8　〰 快门速度1/160s　ISO 感光度100

→双灯柔光布光方式非常适合拍摄柔美的女性，能够将其皮肤的细腻白皙很好地体现出来，加上人物明朗的笑容，表达出一种欢乐的情况

🔘 焦距40mm　🔘 光圈F5　〰 快门速度1/125s　ISO 感光度100

↓为了得到较为明亮的画面效果，拍摄者使用F5的光圈，虽然身处深色背景，人物却能够以明朗的皮肤突出出来

▌制造眼神光

　　在拍摄人像时位于人物前面具有足够亮度的光源会反射到人眼中，出现反光的眼神光点，被称为眼神光。人物具有眼神光之后，会显得非常精神，也会吸引观者注意力。

　　利用双灯拍摄模特时，需要调整双灯的位置，保证得到眼神光。一般来说灯箱要位于人物正面左右前侧，朝向人物面部打灯，观察人物眼睛内两盏灯的灯光是否出现。应注意调整两盏灯位置，保证人物光影均匀的同时，眼神光也得以体现。

🎞 焦距85mm　　📷 光圈F10
📹 快门速度1/250s　ISO 感光度100

🎞 焦距60mm　　📷 光圈F10
📹 快门速度1/250s　ISO 感光度100

→利用左右两盏柔光灯箱布光，得到了较为均匀的光线组合，保证模特面部受光充足，人物的服装造型和整个画面亮度适宜，展现出人物清新靓丽的一面

≫ 高调人像布光方法

　　高调画面中人物以明亮基调为主，画面白色区域占大部分面积，从而体现出明调的布光。要在影棚中表现高调效果，就要从曝光、环境氛围和人物造型三者上下工夫。

适当增加曝光补偿

　　无论是单灯、双灯或者硬光、软光，高调画面的要求都是曝光充足，有时候甚至可以稍微曝光过度。在调控相机参数时，可以在准确曝光的基础上适当增加一挡曝光补偿，让画面产生欢快清新的氛围。

浅色背景最相宜

　　要制造高调的画面，在选择棚拍环境背景时，最好以白色、浅灰或者淡黄、淡蓝、淡粉等浅色系为主。这些色彩本身就具有高调效果，搭配人物拍摄，能够起到很好地烘托陪衬作用。

◉ 焦距85mm　　◉ 光圈F11　　≋ 快门速度1/250s　　ISO 感光度100

→通过增加了0.3EV的曝光补偿后，画面整体亮度得以提升，背景明亮，展现出明快的氛围

◉ 焦距45mm　　◉ 光圈F8　　≋ 快门速度1/200s　　ISO 感光度100

↓浅灰色的背景布让画面大部分处于高调氛围，位于其中的人物自然也显得明快多了

服装造型也重要

除了环境背景之外，人物在拍摄高调画面时，服装造型也需要以浅色系为主，但是注意不要和环境背景色彩过于接近，以免画面中人物不能突出。

📷 焦距55mm　⬡ 光圈F7.1　〰 快门速度1/125s　ISO 感光度100

↑无论是白色的背景环境还是人物白色的服装造型，都烘托出画面明亮的色调，同时拍摄者选择大平光进行布光，让主体及背景都受光充足均匀，整个画面处于高调氛围，表现出少女天真活泼的性格

>> 低调人像布光方法

低调布光以暗色基调为主，画面黑色区域占大部分面积，从而体现出光线暗调的布光。它正好与高调相反，是表现人物神秘、忧伤的特点的。那么低调布光要注意些什么呢？

灯箱的控制

为了营造灰暗的环境氛围，可以选择一个灯箱对主体照明，同时将其输出功率调小，或者将灯箱放到距离人物较远的地方照射，压暗环境。

相机参数控制

使用光圈优先模式，以中小光圈进行拍摄，可以适当降低曝光补偿，以达到需要的低调画面氛围。

焦距105mm　　光圈F8　　快门速度1/125s　　感光度100

←拍摄者只使用了一盏灯作为光源，从右上角照射人物，人物只有面部和身体一小部分被照亮，画面整个处于低调之中

焦距82mm　　光圈F10　　快门速度1/200s　　感光度100

↓F10的光圈搭配−0.3EV的曝光补偿，让整个画面深沉了许多，也表现出了低调的效果

尽可能选择深色

　　深色的背景和深色的服装造型都能够让画面自然展现出低调的氛围，特别是黑色。所以有可能的话可提前选择黑色背景布以及黑色的服装拍摄为宜。

◉ 焦距50mm　◉ 光圈F8　≡ 快门速度1/160s　◉ 感光度100

低调的画面效果不仅在于环境与人物本身选择暗沉的色彩，还在于画面的测光与曝光，适当地降低曝光补偿值有利于压暗环境，得到更为良好的画面效果

＞＞ 用窗户光凸显人物气质

　　室内环境当中只有在窗户边可以感受到户外的日光，也正因如此窗户光成为室内摄影的一种特殊光线。窗户光适合拍摄静态人像，能够凸显人物本身的气质。

拉上窗帘柔化光线

　　虽然从户外照射到室内的阳光已经被玻璃减弱，但想要让其更加柔和均匀，最好在拍摄前拉上薄薄的窗帘或者纱帘，遮挡一部分光线。

使用点测光

　　利用窗户光拍摄时，无论人物是正面、侧面或者背面靠近窗户，都可以选择点测光模式，对准其面部高亮区域进行测光，保证面部曝光准确。

◉ 焦距50mm　◐ 光圈F2　▧ 快门速度1/500s　ISO 感光度200

→正午强烈的光线经过窗帘的柔化，在室内形成了均匀的散射光，让人物柔美的形象得以展现

◉ 焦距50mm　◐ 光圈F2　▧ 快门速度1/400s　ISO 感光度200

↓少女侧对窗户，此时为了保证画面不会出现曝光过度的现象，拍摄者对准人物面部进行侧光，得到了较为良好的视觉效果

焦距58mm 　光圈F7.1 　快门速度1/250s 　感光度100

从窗户外照射进来的自然光较为强烈，照亮了屋子也照亮了人物，拍摄者为了保证人物曝光准确，选择了面部次亮区域作为测光点，虽然窗户附近过曝了，但人物还是以清晰明亮的形象得到展现

≫ 用室内灯光表现居家氛围

室内环境的光线主要依靠室内灯具产生，而灯光大部分都是以暖色调为主，这就更加重了画面的温馨氛围，特别适合拍摄具有家庭气氛的人像。

使用暖调白平衡

相机中的白平衡可以还原画面的真实色调，同时也可以让画面"染"上不同的色彩。如果想要表现暖调色彩，可以使用"阴天白平衡"或者"阴影白平衡"。

靠近光源拍摄

要尽可能表现出室内灯光的色调，拍摄时模特一定要靠近光源，如果是吊灯就站在它下方附近，如果是壁灯就靠在一旁。

📷 焦距24mm　⭕ 光圈F8　🎞 快门速度1/160s　ISO 感光度100

→过道中的复古顶灯散发出耀眼的橘色灯光，它让整个环境都沉浸在暖色当中，搭配阴影白平衡让画面处于浓郁的暖调氛围当中

📷 焦距50mm　⭕ 光圈F2　🎞 快门速度1/320s　ISO 感光度100

↓室内柔和的灯光成为了主要光源，拍摄者让模特靠近灯光的同时用反光板补光，保证其受光充足均匀

焦距22mm　　光圈F4.5　　快门速度1/30s　　感光度400

室内橘色的灯光将环境渲染地极富暖调氛围，端坐在沙发上的女郎以及环境元素都染上了这种暖调色彩，搭配阴影白平衡模式拍摄，表现出一种温馨的氛围

6.3 主题人像摄影用光与曝光实战

针对不同的主题人像，拍摄者最好挑选与此相符的光线进行拍摄，方便刻画和表现人物的相貌特征以及动作神态。那么究竟何种光线适合拍摄何种主题呢？

>> 用柔和的正面光表现少女的甜美可人

正面光的特点前面已经为大家介绍过了，当光线由硬光转化为柔和的软光时，更适合拍摄少女，表现她们的甜美可人。

寻找正面光

在户外寻找柔和正面光，最好是选择上午或者下午光线不是很强烈的时候，如果是摄影棚的话，用一盏带有柔光罩的灯箱从正面照射模特为宜。

控制景深突出主体

正面光不宜表现人物立体感，此时为了突出主体，最好选择浅景深虚化环境，可以搭配大光圈和长焦镜头，获得需要的效果。

◎ 焦距35mm　◎ 光圈F5.6　≋ 快门速度1/200s　ISO 感光度100

←柔光箱将直射光柔化，以正面光角度照射少女，人物全身都被照亮，明亮的色调展现出人物甜美的一面

◎ 焦距120mm　◎ 光圈F7.1　≋ 快门速度1/250s　ISO 感光度100

↓120mm的长焦镜头搭配F7.1的光圈，让环境得到良好虚化，并使位于正面光光位的主体得以突出

焦距135mm　　光圈F3.5　　快门速度1/13s　　感光度160

云层较厚的下午，光线虽然是以直射光照射地面，其强度却已经
减弱了，此时让模特正面对着光源，以正面光形式表现其面部的
表情，还可以突出明亮的外形

>> 用散射光表现女性的自然唯美

　　散射光是拍摄户外女性人像最适合的光线之一，柔和均匀的光线可以很好地表现女性皮肤质感，也可以将环境元素的形态完全展现，表现出大自然的美丽。

寻找色彩丰富的环境

　　由于散射光可以很好地表现画面的色彩，在拍摄户外人像时，最好选择色彩较为丰富也较为明亮的环境，例如公园、花丛、树林等。丰富的色彩可以增强视觉冲击力，也能表现出大自然的无限生命力。

焦距50mm　　光圈F2
快门速度1/60s　　感光度100

←黄绿色相间的树林就是非常好的拍摄环境，拍摄者选择大光圈将环境虚化为色块，让丰富的色彩得到更抽象的展现

姿态控制很重要

　　散射光拍摄的人物不易体现出立体感，此时通过人物不同的姿势表现其面部以及身体的曲线是比较合理的方法。需要注意的是，人物面部最好正对镜头，加以自然地微笑，从而更容易表现出女性的温柔一面。

焦距50mm　　光圈F2　　快门速度1/100s　　感光度100

坐在田边的少女姿态优雅，她朝镜头一侧看来，微笑的面庞一下成了画面的中心

▍散射光下感光度的控制

　　阴天的散射光下拍摄的人像作品，可以较好地还原人物面部的肤色，还能使人物皮肤的质感显得细腻光滑。为了更好地提高画质表现人物，就算光线并不强烈，拍摄者也最好选择低感光度拍摄。此时为了保证画面明亮，建议搭配三脚架和慢速快门拍摄。

📷 焦距200m	📷 光圈F2.5
〰 快门速度1/500s	ISO 感光度100

📷 焦距110m	📷 光圈F2.8
〰 快门速度1/200s	ISO 感光度200

→散射光柔和均匀地照射在少女身上，展示其细腻的肤质和漂亮的服饰，散射光特别适合表现女性柔美的一面，能够让画面沉浸在自然唯美当中

>> 用侧逆光表现闪闪发丝

侧逆光除了可以获得梦幻的光雾，更特别的是它能够照亮人物的发丝，得到金光闪闪的效果，还能照亮主体轮廓，将其从背景中突出。

反光板还是闪光灯

当用侧逆光照射人物时，人物正面受光会不足，此时就需要使用补光工具进行补光。反光板是针对侧逆光强度不大的环境使用的，闪光灯则是针对较强的光源使用。各位影友须要根据现场环境来选取最适合的补光工具。

测光点选脸上

在侧逆光下既为了保证人物正面曝光准确，也为了突出人物闪闪发丝，需要将测光点选择在人物面部，可以适当增加曝光补偿，表现明亮的画面氛围。

📷 焦距135mm　◎ 光圈F2　〰 快门速度1/1000s　📷 感光度160

→太阳以侧逆光角度照射主体人物，人物的右侧被照亮，其身体轮廓突出在画面当中，同时以正面反光板对其进行补光

📷 焦距89mm　◎ 光圈F3.2　〰 快门速度1/160s　📷 感光度100

↓来自人物身后右侧的阳光将其发丝照亮，拍摄者选择人物面部作为测光点，得到了面部曝光准确，发丝稍微过曝的画面

焦距45mm　　光圈F2.8　　快门速度1/250s　　感光度100

少女靠在满墙的爬山虎上，阳光从她身后直射过来，照亮了她乌黑的
秀发，也将她身体轮廓突出了出来。侧逆光下，拍摄者对人物正面测
光，保证主体曝光准确，使人物表情姿态良好展现

≫ 用晴朗光线表现儿童的活泼可爱

在天气晴朗的时候让孩子们来到户外活动，他们会在草地上花园里尽情玩耍，此时拿起相机记录这有趣的场景岂不一举两得？

长焦镜头显神通

户外场景中，孩子可以活动的面积更大，此时选择一款长焦镜头远距离抓拍孩子玩耍的场景，不仅容易得到浅景深突出主体，还能够抓拍一些独特的画面。应注意，为了保证画面清晰，长焦镜头最好搭配三脚架使用。

◎ 焦距200mm　　◎ 光圈F4　　≋ 快门速度1/320s　　ISO 感光度200

↓孩子与宠物小狗正在草地上开心地玩耍，长焦镜头把这动人的瞬间捕捉了下来

避免强光直射

在晴天户外拍摄时，由于孩子年龄太小，刺眼的阳光会对他们的双眼造成损害，也不利于人物表情的展现。所以在选择光位时注意避免顶光，在顺光、前侧光或者侧光拍摄时，使用道具遮挡一部分光线为宜。

◎ 焦距65mm　　◎ 光圈F4
≋ 快门速度1/250s　　ISO 感光度100

←晴朗的直射光以前侧光角度照射到孩子面部，产生了明显的阴影，将孩子的表情立体地展现在画面当中

焦距90mm　　光圈F2.8　　快门速度1/250s　　感光度100

晴朗天气下的光线能够体现人物的立体感，在侧逆光角度拍摄儿童时，应注意对准面部测光，保证主体面部曝光准确，环境轻微过曝，从而突出主体

>> 利用多彩光源拍摄夜景人像

夜间的照明灯光主要是各种色彩的人造光，尤其是繁华的街道和大型的商场，这些光源错综复杂，完全可以用于摄影，制造有趣的光影效果。

选择大光圈

大光圈容易得到浅景深，就可以将环境光源转化为美丽的光斑，拍摄时使用光圈优先模式并将光圈值调大即可。应注意搭配使用三脚架和快门线，保证夜景下画面的清晰稳定。

闪光灯的合理利用

利用外置闪光灯进行补光的话，为了让环境背景曝光准确，注意搭配使用慢速快门；此时由于光圈较大，闪光灯可以与相机分离，放在距离主体较远的位置，控制光位和曝光强度。

◎ 焦距70mm　◎ 光圈F2.8　〽 快门速度1/20s　ISO 感光度100

←大光圈下的灯光变成了星星点点的彩色光斑，让身处于夜景的人物如梦如幻

◎ 焦距50mm　◎ 光圈F2.8　〽 快门速度1/20s　ISO 感光度200

↓合理的闪光灯补光后，人物面部清晰可见，环境灯光形成点缀，渲染出夜间热闹的氛围

焦距50mm　　光圈F2.2　　快门速度1/60s　　感光度100

五彩的霓虹灯光将夜间城市装点得无比美丽，也为身处这里的人们带来了多彩的环境，在此种夜景中拍摄人物，利用灯光的不同色彩构成画面，表现多姿的夜生活

达人支招

▋RAW格式的好处

拍摄夜景人像时，最好使用数码单反相机的RAW格式。由于夜景中的现场光源非常多，色彩乱，使用RAW格式拍摄，不仅可以在后期取得白平衡的校正，还能调整曝光度，修复拍摄时的问题。

拍摄前将画质调整为RAW即可，应注意RAW格式占用较大空间，选择一个足够大的存储卡是非常有必要的。

第 **7** 章
夜景摄影用光与曝光实战

拍摄夜景的制约条件很多，须做好充足的准备才能更好地完成拍摄，而夜间风景和夜间人像的准备工作也各不相同。而每一种夜景的拍摄题材也会有相应的拍摄技巧和注意事项。熟悉掌握各种夜景题材的拍摄技法，能有效帮助拍摄者更好地将黑夜与光线进行协调，这样才能记录下迷人的夜景。

7.1 拍摄夜景曝光技巧（一）

　　白天的光线虽好，但是光源比较简单，相比之下夜景环境下往往会出现很多光源，和白天摄影的光源有很大的不同。在夜晚，灯光、月光、火光或是落日余晖等都是夜景的主要光源，有利用好这些照明光源，才能为画面增加气氛。

》 夜景拍摄最佳时间和题材选择

夜景摄影黄金时间

　　夜景拍摄的最佳时间是太阳落山后的半个小时左右，因为此时城市的灯光已经亮了起来，而天空尚保留着一些亮度。这个时候天空，不至于完全是黑的，而地面景物也可以利用这些光线拍出一些细节。

　　要拍摄出夜景的天空呈现蓝色的画面，需要做到以下三点：

　　1. 首先最好选择在太阳落山后的半个小时左右，天没有完全黑下来的时候拍摄。

　　2. 拍摄前，提前进行选点，以免临时选择错过最佳拍摄时间。

　　3. 为增加画面的拍摄效果，拍摄前，应准备好所需器材，如三脚架、快门线等。

焦距24mm　　光圈F20　　快门速度2s　　感光度100

太阳刚落山的时候天空还有一些亮度，甚至还有一些落日的余晖，这些光线可以让夜景中有更多的细节

焦距24mm　光圈F2.8　快门速度1/2s　感光度100

↑在拍摄夜景时，尽量选择有灯光照射和有特色的作为主体，这样才能在深色背景中，将被摄主体的色彩和形态表现出来

题材选择

由于数码相机在长时间曝光后容易产生噪点，而且曝光时间越长噪点越多。这对拍摄夜景的题材会造成影响，因此在题材的选择上应以有较亮光源的场景为主，比如街灯、车灯、霓虹灯等，这样才能更好地保证画面亮度，减少噪点地产生。

许多建筑到了晚上都会打上灯光，这些灯光都是经过设计的，可以让整个建筑的风格为之一变，这种具有艺术感的灯光是夜景拍摄中最值得选择的。

焦距17mm　光圈F4.5　快门速度2s　感光度100

夜景的光源往往都比较复杂，只要把握主要光源就可以让天空成蓝色

测光依据

拍摄夜景时，亮处和暗处的反差一般比较大，经常会造成相机自动测光不准。在拍摄夜景时可以按以下方法进行测光：首先测光模式可以选择为"矩阵测光"或者"评价测光"；在拍摄时可以对准较画面中亮度较典型的建筑进行测光，这样就可以得到基本准确的曝光量；最后看画面中明暗的比例进行曝光补偿，如果黑暗画面较多要减少曝光补偿，而明亮的画面较多要适当增加曝光补偿。由于夜间光线较弱，相机的曝光时间自然要比一般景物的拍摄时间长，但和其他多变的景物拍摄一样，夜景摄影也要根据现场的光线情况和具体构图来控制曝光时间的长短。

| 焦距60mm | 光圈F18 |
| 快门速度1/10s | 感光度100 |

↑拍摄城市夜景时，为了真实的还原场景灯光效果，对准画面的明暗结合处进行测光拍摄，可以轻松得到夜晚灯光准确的画面

| 焦距43mm | 光圈F16 |
| 快门速度1/15 | 感光度100 |

←拍摄夜景时，可以根据画面要求，调整画面亮度

曝光技巧

　　夜景的曝光重点在于整个夜景的亮度控制，但相机的测光结果。往往会偏暗，这是由于相机要避免夜间中的光源有曝光过度的情况发生，造成光源曝光正常，场景却曝光不足的现象。就算光源位置曝光正常，那也会在细节的表现上较差。因此在夜景的拍摄中，应该以场景的亮度来考虑，建议测光后观察液晶屏效果后，再做曝光补偿，以便取得较为明亮的画面效果。

📷 焦距45mm　⊙ 光圈F10　▭ 快门速度1/15s　ISO 感光度100

经过曝光补偿后，拍摄出来的画面较为明亮，被摄物的细节得到展现

7.2 拍摄夜景曝光技巧（二）

很多摄影新手都喜欢拍摄灯火灿烂的夜景。但往往发觉拍摄出来的效果不够理想，其实只要掌握到当中的技巧，也能够拍出高水平的夜景照，下面就为大家进行介绍。

≫ 白平衡设置

拍摄夜景，设定白平衡是非常重要的环节，尤其是城市夜景的拍摄。由于夜晚城市街道等可以拍摄的场景多是由白炽灯、荧光灯和霓虹灯等不同色温的人工光源混合照明的，白平衡的不同设定会对画面色调产生很大影响，特别是用自动白平衡拍摄时，由于构图的变化和光源的不同，画面色调会产生很大的变化，难以获得理想的色调，所以拍摄夜景时最好改为手动设定白平衡。

◎ 焦距46mm　◎ 光圈F13　≋ 快门速度1/20s　ISO 感光度100

↑五颜六色的霓虹灯在夜色中绚丽耀眼，在微蓝的天空地衬托下体现了城市繁花热闹的场景

夜景环境中比较普遍的光源有两种：一种是钨丝灯，另一种是荧光灯。当然在实际的生活当中，夜景的灯光一般是混合的，但一般以钨丝灯居多。所以在拍摄夜景时，一般来说使用钨丝灯白平衡可以让照片有较好的色彩还原。而如果在钨丝灯下使用日光型白平衡画面会偏暖色调，如果此时使用荧光灯白平衡则会偏冷色调。在实际的夜景拍摄当中，一般要先判断出谁是主要光源，然后根据想要表现的气氛来选择不同的白平衡。

◎ 焦距30mm　◎ 光圈F4　≋ 快门速度1/100s　ISO 感光度800

↑在拍摄徐徐升起的许愿灯时，选择日光白平衡模式，能较好地反映出场景的色彩

当然，为了方便可以直接使用相机上提供的几种模式。

拍摄夜晚的城市街道，为使画面获得暖色调效果呈现灯火辉煌的气氛，可以把白平衡设定增强暖色调的日光模式。如要是拍摄乡村夜景，要强化乡村夜色的宁静之感，就可将白平衡设置为荧光灯或白炽灯模式，此时画面会呈现偏蓝效果，从而渲染出宁静而神秘的气氛。

焦距150mm　光圈F22　快门速度1/4s　感光度100

拍摄夜景时，使用荧光灯白平衡模式，可以增加画面的蓝色气氛，画面显得更为宁静

焦距60mm　光圈F18　快门速度1/8s　感光度100

夜色中亭台楼阁的灯光照射在水面，流动的河水将倒影形成朦胧感。虚与实的对比，使城市夜景更加迷人，而自动白平衡的运用则表现出真实的色彩

我们都知道，数码相机是通过镜头把光线聚焦，再投射到感光元件上最终成像的。而控制光线投射到感光元件上时间长短的部件就是快门。拍摄时，快门从开启到闭合这段时间内往往会造成相机的抖动，最终导致影像模糊。当然，我们也有有效避免的方法，具体方法如下。

第一：掌握正确的持机姿势。右手握住数码单反相机的手柄，食指放在快门位置处，大拇指靠在相机后面的功能键处，起支撑固定作用。当相机的镜头比较重时，右手姿势保持不变，左手掌心要托住镜头。这样，左右手就共同组成一个防止相机抖动的稳定支架，起到一定的防震作用。

▲ 双手握持相机右视图

▲ 双手握持相机左视图

▲ 双手握持相机上视图

▲ 手持相机横拍握持姿势

▲ 手持相机竖拍握持姿势

第二：采用正确的拍摄姿势。手持照相机最基本的站立姿势要求双脚和双肩保持在同一条直线上。呼吸也要控制，吸一口气，呼出半口，屏住气，轻轻按下快门。如果需要拍摄较低物体，可以单膝跪在地上，把肘部支撑在膝盖上稳定相机。也可以半蹲身体，同样利用膝盖支撑手肘。

在需要较长时间曝光的情况下，还应学会利用周围的建筑物或身旁的物体来帮助身体保持稳定。按下快门后一定要继续保持拍摄姿势，直到快门完全释放为止。

▲ 立姿拍摄

▲ 跪姿拍摄

第三：使用三脚架。为了防止相机在按下快门时发生抖动，在手持拍摄时应尽量不要使用低于安全快门速度的快门速度，这可以作为一个原则来掌握。如果是必须要用慢门来拍摄，比如1/30s或1/30s以下的速度，就应该采用三脚架来保持相机的稳定性。在选用时应注意，要选择足以支撑相机重量的三脚架。

▲ 三维云台

▲ 三脚架

▲ 使用三脚架时一定要保持相机的稳定

第四：使用快门线或遥控器。当相机固定在三脚架或放在其他地方（如桌面上）时，如果用手指按下快门，相机也可能会受到一丝难于察觉的抖动。这时，使用快门线或遥控器就可以完全避免手部或身体的抖动对相机的影响了。

▲ 快门线

▲ 遥控器

第五：使用反光镜预升功能和自拍功能。使用单反相机拍摄时，按动快门，反光镜就会弹起，露出感光元件进行曝光。在这一瞬间，由于反光镜弹起对反光镜箱产生一定程度的冲击力，会使机身产生抖动，这也是机震的原因之一。所以在拍摄夜景时为防止反光镜冲击造成机震避免画面模糊，那么就可以使用反光镜预升功能。反光镜预升就是在快门启动之前升起反光镜，防止曝光时产生震动。在用低速快门、夜间摄影和微距摄影时，该功能的效果非常明显。当反光镜弹起的瞬间在取景器里是看不到影像的，所以拍摄动物和人物时不适合用反光镜预升功能。

自拍功能就是拍摄者可自行设定拍照时间。这个功能主要是让用户在拍摄自己或是为了避免抖动而引起的画面模糊时所使用的功能。按下快门后，相机可按照拍摄中设置的时间倒数拍摄，通常有两挡可以设置，包括2s延迟自拍和10s延迟自拍。

▲ EOS 5D Mark III的反光镜预升功能设置界面

▲ EOS 5D MarkIII的自拍功能设置界面

>> 降噪技巧

使用数码单反相机拍摄时，感光度越低噪点越少，感光度越高噪点越多，也就是说感光度与画质成反比，所以在拍摄时一般应使用低感光度，拍摄夜景也是如此。但夜景条件下光线比较弱，在使用相同光圈的情况下使用低感光度会比高感光度需要更长的曝光时间，在拍摄一些移动物体的时候，长时间曝光会导致画面模糊。所以拍摄夜景要根据实际需要来选择感光度，一般情况下应使用低感光度。

🎞 焦距18mm　◎ 光圈F8　■ 快门速度1/5s

↑放大图像可以看到，使用ISO1600的感光度所拍摄的右图画面有较多的噪点，画面细节遭到破坏。而使用ISO100的感光度所拍摄的左图画面几乎没有噪点，画面效果细腻

夜景拍摄时，很多时候都需要长时间的曝光，但在长时间的曝光中，数码相机的感光元件会因为长时间持续工作产生很多噪点，让画面看上去非常的粗糙，清晰度不够，当把照片放大时这些噪点就随之增大，严重影响画面质量，因而在拍摄之前就应当想办法降低画面噪点。

随着数码单反相机的发展，全画幅数码相机感光度经过扩展可高达ISO102400，但事实上用ISO3200的感光度拍出的影像上已经有明显的噪点。为了追求细腻的画质，即使使用全画幅数码相机，夜景拍摄也最好使用ISO400及以下的感光度来抑制噪点的产生。需要注意的是，在快门速度较慢的情况下必须使用三脚架。

有些相机也有内置的降噪功能，拍摄前可以开启感光度降噪功能，所拍摄的画面质量就会更好一些。如果您的相机没有降噪功能，则只能通过后期软件对照片进行降噪处理。

焦距45mm　光圈F20　快门速度6s　感光度100

拍摄绽放的烟花时，低感光度的运用。使画面更加清晰，增加了画面的魅力，而且没有噪点的影响，画面中的被摄主体得以清晰地展现，增加了画面的视觉效果和美感

≫ 避开杂光

夜间拍摄时，照片上出现杂光的可能性要比白天拍摄大很多。其中，路灯和车灯所造成的眩光和它们产生的鬼影可能是最常见的杂光。很多情况下，我们不得不面对光源拍摄。如果出现了眩光或鬼影，适当改变拍摄角度，这样做即使不能完全消除眩光或鬼影，也可以让它们出现在画面中细节较少的地方，便于后期处理。所以，在拍完一张夜景照片后，如果有条件，应当在回放时，放大并仔细检查整个画面，以免因为不起眼的杂光留下遗憾。

▲ 杂光

| 焦距105mm | 光圈F7.1 |
| 快门速度1/20s | 感光度1600 |

←拍摄时没有注意到画面左下角灯光形成的杂光，使画面的焦点得到分散

| 焦距12mm | 光圈F22 | 快门速度6s | 感光度100 |

↑鬼影的出现，影响了画面的美观，也影响了画面的视觉效果

▲ 鬼影

另外，镜头罩可以帮助避免来自镜头侧方的杂光进入镜头，但对镜头前方的杂光却无能为力。这时就可以准备一块黑布或是黑帽子，当镜头前出现我们不需要的光线时，比如过路的车灯，我们可以用黑布或帽子暂时挡住镜头，直至杂光移出画面。

用光与曝光艺术与创意

夜景拍摄时，由于没有杂光和鬼影的影响，拍摄出来的画面清晰，
画面视觉效果良好，主体得到较好的展现

第 7 章　夜景摄影用光与曝光实战

7.3 选择合适的夜景题材

拍夜景并不一定就是指黑黑的夜，从太阳刚刚下山到朝阳初升，都可以算作夜景拍摄的题材，如城市街道夜景、立交桥，选择有水面反光的场景，拍摄焰火、车流、月光等都是不错的选择，这里就为大家介绍一些常见的拍摄题材。

>> 霓虹灯下的城市夜景

拍摄夜景照片，要根据不同需求来选择不同的拍摄模式。如果是拍摄静态的夜景画面，可以当做风光照片来进行拍摄，一般使用光圈优先模式，用小光圈进行拍摄。如果是要拍摄车流或者水流之类的动态画面，对曝光时间有要求，就应该使用快门优先模式。

| 焦距60mm | 光圈F8 |
| 快门速度1/180s | 感光度800 |

←夜色中繁华都市的五彩灯光将天空映亮，而水面反射，使城市夜景更加迷人

夜间摄影也需要突出主题，而在拍摄全景照片时，则要尽可能的获得最大景深，使所有被拍摄到的远近景物都得到清晰的影像。选取的景物线条、造型、色彩等都要具有吸引人的视线并表现出审美要素。

拍摄夜景往往会被眼前五彩缤纷的景色所迷惑而求多、求全，这时影友要保持头脑冷静，有取有舍地选择可以形成明确的主体的元素，尤其要避免把那些看上去五颜六色，却又没有实际内容的东西拍进画面。

| 焦距38mm | 光圈F16 |
| 快门速度1/40s | 感光度200 |

→在夜色天空衬托下，色彩斑斓的霓虹灯显得更加迷人，增加了画面的层次感

📷 焦距40mm　　🔘 光圈F13　　〰 快门速度8s　　ISO 感光度50

↑拍摄时，利用较高的视角，通过城市道路形成的线条以及车流的灯光，增加画面的视觉延伸感，更能突出城市的繁华

　　使用数码单反相机拍摄时，一般应使用低感光度，拍摄夜景也是如此。而且尽量使用三脚架和快门线进行辅助拍摄，

　　夜景拍摄的构图和日景拍摄有些许不同，因为夜景拍摄的主体是以灯光为主，也就是说发光的物体更容易吸引人们的视线从而成为视觉关注点。我们可以充分利用城市中河湖水面或雨后的地面形成的倒影，或者横向与纵向的车灯延伸线条来渲染城市夜色的气氛。背景则可以选用灯火斑斓的建筑物，或者火树银花的城市夜景的所提供的迷离夜色。只要画面中所选取的景物线条、造型、色彩等都能吸引人的视线并表现出美的要素，那么这张夜景照片便是成功的。

达人支招

▌巧用手动曝光模式拍摄夜景

　　夜景的曝光比较难掌握，因此建议使用手动曝光模式来进行曝光。操作时，还是可以先使用光圈优先曝光模式设定一个较小的光圈值，然后再用中央重点测光模式得到一个合适的快门速度。测光后再回到手动曝光模式，按先前的设定调整好光圈和快门速度拍摄。如果对画面的曝光不够满意，可以通过调整快门速度重新拍摄，如果原先拍摄的画面较暗可以适当增加曝光时间，如果画面偏亮就减少曝光时间。通过手动曝光模式可方便地控制画面亮度。

第7章　夜景摄影用光与曝光实战

❯❯ 宁静美丽的月色

月亮本身不发光，是由于反射太阳光而发出光线，所以在这种奇妙的自然光源下拍摄会给你的照片带来宛若仙境般的感觉。

月光充满了神秘感。无论直接将镜头对准月亮，还是选择沐浴在月色下的景物作为拍摄对象，都会给我们带来全新的拍摄体验，拓展我们的创作领域。

拍摄月色时我们不主张只单独拍摄一轮圆圆的明月，因为这样的拍摄不能显现出夜色的宁静，也让画面显得过于单调。通常的做法是选择一些景物作为画面的陪体，并把陪体安排在画面中的合适位置，让主体和陪体间达到充分的协调和融洽，表达出夜景的静谧氛围和气息。

拍摄月亮要选择天气晴朗的晚上进行，最好当时天空没有浮云。在这样的高能见度下，拍出的月亮自然也会清楚一些。

📷 焦距128mm　　◎ 光圈F13　　⬛ 快门速度1/100s　　ISO 感光度100

↑单纯拍摄月亮时，利用水面的反射，形成波光粼粼的效果，夜景和月亮相互映衬

📷 焦距120mm　　◎ 光圈F11　　⬛ 快门速度1/60s　　ISO 感光度100

↓在拍摄夜景时，通过纳入月亮来衬托出地面场景，增加了画面的宁静感

由于月亮本身的光线微弱，所以在进行月光摄影创作的时候，最好选择远离城市的拍摄题材。废墟、教堂、石塔、古老建筑等成为了很好的选择，除此之外几乎所有的地质景观同样能成为镜头下的被摄对象。峭壁、山峦等场景在月光的沐浴下都能成为镜头中的美景。拍摄月色，最主要的是控制曝光，通常选择光圈优先曝光模式或手动曝光模式来进行拍摄。至于光圈大小的选择一些摄影人给出了一条经验即，"月亮11、8、5.6法则"，这个法则说拍摄月亮的时候，如果是满月，用F11，如果是月缺，用F8，如果是月牙，用F5.6。因为地球在不停地转动，如果月亮的曝光时间过长就会使月亮在画面中移动而形成一团光晕，因此要适当控制曝光时间。

焦距60mm　　光圈F8　　快门速度1/180s　　感光度100

利用月色和水岸的灯光进行拍摄，这样拍摄出来的画面会更有夜景的气息和意境

烟花拍摄的机会有限。烟花燃放的时间也比较短，为了避免拍摄者在拍摄时手忙脚乱，提前选择好拍摄位置、观察好烟花散开的位置和范围。除了考虑拍摄地点，还需要考虑风向问题。如果拍摄地点选择在逆风的位置，燃放烟花后所产生的烟雾就会挡住烟花的表现，让画面只看到烟而看不清烟花的造型。而选择顺风或侧顺风的风向，微风可以把空中的烟吹走，让画面背景看起来更干净。

光圈大小的选用影响烟花燃放轨迹的粗细，光圈过大，烟花燃放轨迹就越粗，无法呈现烟花的美感；反之，光圈过小也不易突出烟花绽放时的美丽；通常情况下使用F8~F16是比较合适的。

找好地点，架好三脚架，接上快门线，设定对焦为手动对焦。另外，就做好准备了。尽量不要在逆风和顺风位置拍摄烟花，逆风的话烟雾向你飘来会影响视线，顺风的话白色的烟雾会在烟花后面成为背景，影响烟花的璀璨光芒。

◎ 焦距134mm ◎ 光圈F22 ▩ 快门速度5s ▧ 感光度100

↑ 慢速快门拍摄烟花，能将烟花的轨迹较好地展现，变换无穷的烟花得到淋漓尽致地表现

◎ 焦距80mm ◎ 光圈F16 ▩ 快门速度4s ▧ 感光度100

↓ 拍摄者使用较小的光圈拍摄，所拍的烟花燃放轨迹比较小

空中的烟花再美丽夺目，如果只是孤零零地存在于画面中，也会让人觉得平淡乏味。所以拍摄烟花时最好找一些前景或背景景物作陪衬，以使画面不至于单调。

📷 焦距40mm 　⭕ 光圈F13 　🌀 快门速度3s 　🈯 感光度100

↑天空中散开的各色烟花将城市夜空装扮一新，搭配以河岸边蓝色的彩灯，更突出了城市夜景的魅力

烟花在燃放的过程中，由于亮度变化很大，所以测光不容易做到准确。因此需要依照天空中烟花的亮度来设定光圈值，在天空中同时有三朵以内的烟花同时绽放时，表现亮度适中，可以使用光圈F8来拍摄，五朵以上时亮度就较亮，这时就可以使用F13来拍摄，对于超过十朵的烟花时光圈就应该采用F16或F22来拍摄，这样就可以避免烟花亮度过亮，造成曝光过度的情况。为了表现烟花的轨迹，都会使用较长的曝光时间，一般而言曝光时间以保持在1～3s之间为宜。

📷 焦距28mm 　⭕ 光圈F22 　🌀 快门速度20s 　🈯 感光度100

↑使用三脚架拍摄夜空中的绚丽烟花，使用慢速快门，将五颜六色的烟花完美地呈现在画面中

≫ 流光溢彩的车流

拍摄车流通常会选择较高的地方，利用长时间曝光的手法对着路面拍摄。拍摄时最好将拍摄模式设为手动曝光模式，采用较小的光圈保证画面的景深。值得注意的是光圈越小，车流的线条也就越细，拍摄者可以根据自身喜好来调节。拍摄车流，一般的快门时间都会比较长，所以拍摄者的快门速度可设在B门，通过自行调节拍摄时间来获得满意的照片。

为了表现城市的繁华和车流的连贯性，拍摄车流一般选择在较高的地方为拍摄点。拍摄时最好将拍摄模式设为手动模式，采用较小的光圈保证画面的景深。一般来说光圈越小车流的线条越细，但是根据拍摄经验而言，采用F8~F16之间的光圈是比较理想的。

如果快门设置稍快一点，车灯的光斑就会呈现断断续续的现象。拍摄时要多留意附近的车流，因为选择车速愈快、车辆密度愈高的公路，可以拍摄出更多更长的光线。如果车辆不够多，光线也会弱得多，拍摄出来就体现不出都市的繁华景象。另外，车辆跟数码相机的相对速度也有很大影响，如果车辆面向数码相机行驶，光线便会集中在一个较小的地方。如果车辆在数码相机前驶过的话，两者的相对速度也较高，光线也会较长。

📷 焦距18mm 　🔵 光圈F22 　⏱ 快门速度8s 　ISO 感光度100

↑测光之后选择了8s的长时间曝光进行拍摄，在车流流过的8s内通过镜头和感光元件的配合将流动的车灯痕迹保留了下来

📷 焦距36mm 　🔵 光圈F22 　⏱ 快门速度3s 　ISO 感光度100

↓站在天桥上支起三脚架拍摄车流不息的街道，这样能避免干扰，拍出光影流动的车流照片

📷 焦距16mm　　◎ 光圈F22　　≋ 快门速度8s　　ISO 感光度100

↑夜晚的街灯和车灯使城市表现出另一种繁华与喧闹。拍摄者利用广
角镜头拍摄牌坊和牌坊下川流不息的车流，长时间的曝光让画面中
的建筑物表现出灯火通明的华丽，也让穿梭而过的车流形成亮丽的
丝带

📷 焦距300mm　　◎ 光圈F22　　≋ 快门速度8s　　ISO 感光度100

↓拍摄时，除了控制拍摄时间的长短，拍摄者还巧妙地借用了远处高
楼的灯光丰富画面的结构线条，让画面多了几分线条的柔美

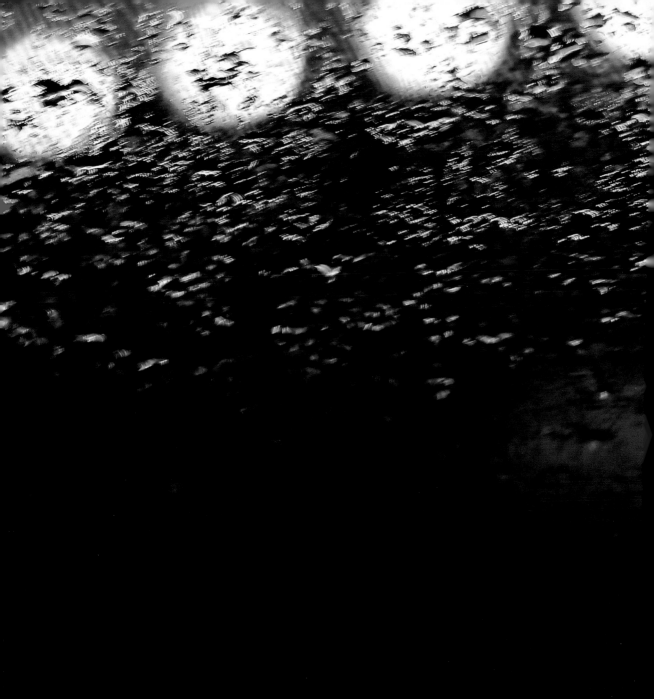

第 **8** 章
用光与曝光的创意与实践

摄影艺术的本质就是用光来作画，可以说光就是摄影的灵魂所在。在摄影创作过程中，各式各样的光线与影子发挥作用，或传递信息，或强调明暗，都是为了体现画面的时间感和空间感。本章就从这些的角度出发，与影友们一起去了解创意性的用光。

8.1 巧用光影构图

摄影的构图是为了突出画面中心，合理安排主体与陪体，使画面结构均衡、疏密有致的方法。光影也可以为我们所用，成为构图元素，通过其明暗阴影效果强化主体思想，达到构图的目的。

≫ 利用光影呼应构图

"呼应"一词通俗来讲是某两个元素之间能够互相联系，而摄影中的光影呼应，也就是指利用光影让画面中的各元素形成直接或者间接的联系。利用光影呼应构图有什么技巧呢?

直射光下寻找影子

要想利用光影首先就要寻找光影，以选择一个直射光天气拍摄为宜。在实际拍摄过程中，让画面中的主体以及陪体等元素与它们所产生的影子都呈现在画面当中，用影子来平衡画面结构，又使其与主体和陪体相联系。

看重整体效果

光影构图是针对画面整体布局来说的，所以阴影形成的暗调区域应该与主体元素的色彩、明暗以及大小形成对比，保证画面重心稳定的情况下做到前后呼应。

◎ 焦距16mm　◎ 光圈F11　快门速度1/125s　感光度100

↓阳光照进森林，使树木在地面上留下了婆娑的影子，这些或粗或细的黑色线条为画面带来了节奏感，同时与树木相呼应，表现出一种安静又富有生机的画面

焦距16mm　　光圈F13　　快门速度1/250s　　感光度50
强烈的逆光照射在葱郁的树木上，其形成的投影占据了画面底部，与主体相呼应，展现出一种自然生长的旺盛之势

>> 利用光线的强弱对比构图

不同强度的光线照射在画面中会形成明显的明暗变化，同一光线照射在主体不同区域也会有不同的明暗效果，利用这种光线的强弱对比构图，不仅能突出主体，还可以渲染氛围。

寻找合适光线角度

直射光构图画面时，正对光源的角度光线最强，背对光源的角度光线则最弱，此时就可以按照顺光、侧光、逆光等光位选择拍摄，让画面元素本身产生不同的明暗区域，或表现其外形、或突出其立体轮廓。

选好测光点

光线有强弱，但是测光点只能选择一个，拍摄者在此时必须对需要强调的部分进行测光。测光点选择在强光照射部分，弱光部分则可能曝光不足；测光点选择在弱光部分，强光部分则可能曝光过度。大家即可利用此种方法渲染环境，强化主体。

📷 焦距46mm　📷 光圈F9　📷 快门速度1/200s　📷 感光度100

←单灯直射光源以前侧光角度照射人物，人物面部朝向光源得以照亮，其身体出现了明显的明暗变化，极富立体感

📷 焦距58mm　📷 光圈F11　📷 快门速度1/160s　📷 感光度100

↓光线只照射到山尖部分，此时选择强光部分测光，画面其他部分暗沉下去，突出了亮部区域的主体，光影变化极富趣味

焦距34mm　　光圈F9　　快门速度1/100s　　感光度100

欧洲情调的小街在夜景暖调灯光下更显温馨，直射光源带来了不同的明暗影调，同时也引导着观者朝画面最明亮的地方看去

8.2　阴影的妙用

阴影是光线照射在不透明物体上，物体阻碍了光线的传播，光线不能穿透从而形成的较暗区域，这是一种极为常见的光学现象。阴影的形态会随着不同光线和不同物体产生变化，各位影友不妨利用这种有趣的现象，构思完成富有想象力的画面。

≫ 阴影的表现力

阴影有大有小，有长有短，有深有浅，但它们的形态最终都取决于遮挡光线的物体。也就是说，利用阴影构图画面时，一定要选择合适的遮挡物，方能充分发挥阴影的作用。

遮挡物与环境协调

人影是最为常见的阴影，不论是拍摄户外风光还是拍摄室内场景，在环境元素丰富的画面中加入简洁的人影，都是非常合适的。除此之外，也可以在环境中寻找具有细节线条美感的元素，让其形成的阴影装饰画面。总之，保证阴影与环境协调，让画面产生和谐的视觉效果。

焦距16mm　　光圈F4.5
快门速度1/2000s　感光度50

←岸边的平台正好形成了一大块空白区域，站在上方的拍摄者观察到围栏和人影的独特阴影，便将其拍摄下来，获得了一幅远有风景、近有阴影的趣味图片

寻找角度突出立体感

阴影表现在画面中，很大程度上是为了体现画面中某元素的立体感的，所以拍摄者必须选择一个合适的角度，既展现主体外形，又突出其阴影，让二维画面产生三维立体的效果。以拍摄建筑为例，选择前侧光或者侧逆光就是比较好的角度。

焦距16mm　　光圈F5.6
快门速度1/500s　感光度50

←从前侧方直射过来的光线让建筑物产生了长短不一的阴影，影子轮廓清晰，加强了主体的立体感

焦距19mm　　光圈F16　　快门速度1/50s　　感光度50

从左侧直射过来的阳光，透过乡间的栅栏将有趣的影子投射到路上，形成富有节奏感的线条，使画面更具有生动的形式美感

焦距78mm　**光圈F5.6**　**快门速度1/100s**　**ISO 感光度100**

↑从一侧照射过来的直射光照亮了画面的大部分，影子与主体很好地衔接，表现出强烈的空间纵深感

焦距28mm　**光圈F16**　**快门速度1/250s**　**ISO 感光度100**

↓晴朗天气的上午时分，强烈的阳光照射在覆盖积雪的大地上，林立的树木留下斑驳的影子，为洁白的积雪带来了光影趣味

阴影的作用远远不止装饰画面或者衬托主体，它们呈现在画面当中，往往表现出空间立体感和环境氛围，某些特殊形态的阴影甚至可以变为主体，增强画面整体的艺术魅力。

阴影的软硬效果

光线的不同质地带来了软硬不同的阴影效果，强烈的直射光会让阴影变得很暗，柔化过的直射光则会让阴影也相应柔和起来。应注意，颜色越深的影子越容易吸引注意力，也就越能表现鲜明强烈的视觉效果。

阴影的长短与方向

由于光线具有方向性，其产生的阴影也就有了一定的角度和长短。一般来说，清晨和傍晚影子最长，此时拍摄能够得到较为夸张的阴影效果，上午和下午的影子较短，中午的影子最短，但光线相对较强，可以展现一定的形式美感。

▌表现阴影如何测光

　　在拍摄具有阴影的画面时，拍摄者要首先确定阴影最终是以较浅的色彩还是较深的色彩呈现。

　　如果是以较浅的阴影表现，可以选择画面较暗的部分作为测光点，如果是以较深的阴影表现，则可以选择画面较亮的部分作为测光点。

　　在此基础上想要加深画面阴影，可以适当降低曝光补偿，反之则增加曝光补偿。

| 焦距45mm | 光圈F9 | 快门速度1/1000s | 感光度100 |

晴朗的天气下，阳光强烈地照射在人物身上，让少女脚下留下深暗的影子，在白色的沙滩上显得清晰明了，影子与主体人物形成对比，让画面重心得以稳定

8.3　局部光的妙用

"局部光"指的是被摄景物只有某个区域被光线照亮，且光线不断移动，这种光线就像舞台的追光灯一样照亮被摄体，因此也被称之为"舞台光"。那么利用这种光线拍摄，画面会有何种效果呢？下面为大家一一解答。

≫ 局部光的表现力

局部光的主要特点就是能够将局部画面照亮，使得观者在第一时间注意亮部的主体，从而起到突出主体刻画环境的作用，所谓"亮处为精"就是这个意思。

寻找自然局部光

在自然界中，只有在多云的天气或者雷阵雨之前的天气是最容易出现局部光的。此时的天空云层厚度较大，阳光会被其分割或者遮挡，当风云变幻后，某些光线就透过云层照射地面，此时地面便会形成明显的明暗区域。

◎ 焦距120mm　◎ 光圈F5.6　≋ 快门速度1/200s　ISO 感光度200

↑大雨前的天空被厚厚的云层覆盖，一阵风吹过，强烈的阳光照射山峦，形成了局部光效果

人为制造局部光

在拍摄一些小场景的作品时，拍摄者可以利用身边的道具遮挡直射光，造成局部光的效果。此种局部光的光线强度和照射效果可控，能够让拍摄者发挥创意，得到需要的画面效果。

◎ 焦距105mm　◎ 光圈F4
≋ 快门速度1/1000s　ISO 感光度100

→通过人为的遮挡，光线之照射到花朵的局部区域，让其表面产生了明暗不同区域，而暗调的背景也有助于突出前方的主体

用光与曝光艺术与创意

焦距105mm 　 光圈F7.1 　 快门速度1/200s 　 感光度200

舞台上的追光灯直接照射到女主角身上，局部亮光一下让主体从环境
中突出出来，人物婀娜的姿态和独特的服装造型呈现出别样的美感

第 8 章　用光与曝光的创意与实践

≫ 局部光的拍摄要点

不断变幻运动的局部光为画面带来了特殊的视觉冲击力，但也正因为其流动的特性，拍摄起来难度也就更大，要拍好局部光，掌握拍摄技巧是必需的。

准备充分快速拍

等待局部光的时间是漫长的，但当它出现并照亮主体的时间是极其短暂的，为了能够把握这短暂的时间，首先需要提早确定天气状况，保证局部光出现的概率较大；其次是提前构图并调整好相机参数，等待局部光的出现，在光线出现的一刹那可以尽快按下快门。

◎ 焦距102mm　◎ 光圈F11　快门速度1/200s　感光度100

→局部光照亮了山脊，而环境处于蓝调氛围当中，局部光仿佛画笔，将单调的画面装点得美感十足

◎ 焦距51mm　◎ 光圈F4.5　快门速度1/160s　ISO 感光度50

↓一道光线划过山脉，就好似一盏探照灯，照亮山峰的顶端，利用前方后方深暗的阴影加以烘托，表现出那种忽明忽暗、时隐时现的旋律美感

找准合理测光点

局部光的拍摄场景明暗对比强烈，因此为了得到曝光准确的画面，必须选择正确的测光点。一般来说，局部光主要表现的是亮部的主体细节，此时选择局部光照亮的位置作为测光点是正确的。拍摄完成之后可以回放照片，根据需要适当调整曝光补偿再重新拍摄，直到获得曝光最为满意的画面。

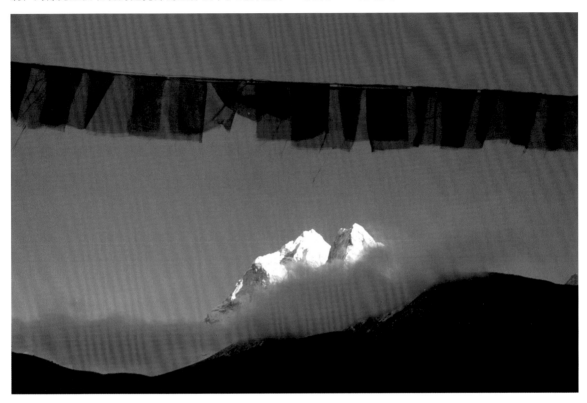

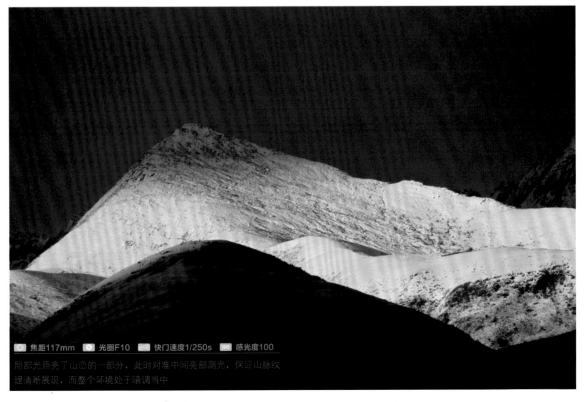

📷 焦距117mm　🔲 光圈F10　⏱ 快门速度1/250s　ISO 感光度100

局部光照亮了山峦的一部分，此时对准中间亮部测光，保证山脉纹理清晰展现，而整个环境处于暗调当中

8.4 弱光的妙用

弱光就是微弱的光线，但弱光并没有一个准确的定义，我们可以说多云的天气下地面的微弱光线就是弱光，可以说黎明前黄昏后的光线是弱光，也可以说没有开灯的午后房间里存在弱光。弱光能够表现出平日里人们忽视的景象，也可以激发拍摄者拍出耐人寻味的作品。

≫ 弱光表现力

弱光都是强度较小的光线，它们照射在人物或者景物上面常常不能完全展现主体的外形特点，不过因此会让画面表现得更富有神秘感和意境。

低调的氛围

弱光下拍摄常常会让画面产生低调的效果，此种氛围特别适合表现幽深的风光或者神秘的人物，如果可以的话搭配暗调的环境背景或者降低曝光补偿，更能凸显低调魅力。

凸显细节之感

弱光虽暗，只要放慢快门速度，保证一定的曝光量，被摄景物照样能够清晰展现，同时其细节和质地能够更精细地突出出来。

◉ 焦距68mm　◉ 光圈F5.6　▦ 快门速度1/250s　ISO 感光度100

→微弱的光线照亮少女的一侧面部，环境处于低调氛围之中，烘托出一种沉静之感

◉ 焦距46mm　◉ 光圈F16　▦ 快门速度1/100s　ISO 感光度250

↓幽蓝的清晨，环境中雾气弥漫，较慢的快门将景色一一呈现，画面静谧而幽深

焦距26mm　　光圈F11　　快门速度1/125s　　感光度200

太阳还在地平线之下，环境笼罩在朦胧迷幻的雾气当中，微弱的光线
下风景显得更为安静，搭配冷调白平衡模式，展现出幽蓝的意境美

➤➤ 弱光的拍摄要点

弱光拍摄非常的有趣，当然拍摄时也存在一定难度。弱光下要拍摄出好的作品，除了准备相应的器材之外，还需要一些实用技巧，下面就为大家讲解。

用上三脚架和快门线

弱光拍摄时快门速度相应较慢，有时候甚至会达到数秒或者数十秒的曝光时间，此时需要的话还需要开启B门拍摄，而为了保证画面的清晰稳定，三脚架和快门线成为必不可少的附件。

测光与对焦

弱光作为主光源拍摄时，如果场景中有明暗区域，那么拍摄者就要选择是对准亮部还是暗部测光。一般来说都是对准亮部测光，保留画面亮部的细节，符合视觉规律。同时由于光线微弱，自动对焦可能失灵，可以换成手动对焦，提高对焦的准确度。

◎ 焦距35mm　　光圈F16　　快门速度1s　　ISO 感光度400

→云雾缭绕的清晨，一片孤帆在湖面上停留，由于环境光线较弱，拍摄者将相机置于三脚架之上，利用快门线完成拍摄，保证了画面的清晰

◎ 焦距65mm　　光圈F11　　快门速度1/10s　　ISO 感光度200

↓雾气浓重的山林光线微弱，此时将测光点选择在雾气之上为宜，同时开启相机的手动对焦功能，对主体进行对焦

达人支招

高感光度降噪的应用

在弱光条件下拍摄，为了表现画面的清晰明亮，在其他曝光参数不可调整的情况下，可以适当提高画面的感光度。

不过，由于提高画面感光度之后，随之而来的就是画面质量下降甚至产生噪点，这时可以开启相机的高感光度降噪功能，抑制画面噪点，达到相对较好的画面效果。

```
C.Fn Ⅱ:图像              2⇕
高ISO感光度降噪功能
0:标准
1:弱
2:强
3:关闭


1 2 3 4
0 0 0 0
```

▲ 佳能高感光度降噪界面

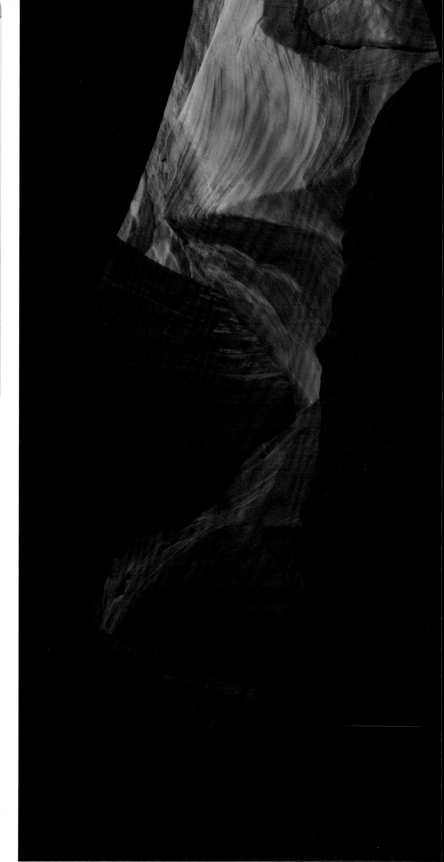

| 焦距102mm | 光圈F11 |
| 快门速度1/125s | 感光度1250 |

→在独特的岩石内部拍摄其纹理，光线透过狭小的缝隙照射进来，在此种弱光环境下，岩石表现出一种神秘的气质和细致的纹理

8.5 特殊的夜景光影

摄影是一门极富创造性的视觉艺术，当人们的审美水平逐步提高，对于一般的画面提不起兴趣时，个性化的作品就会更加吸引眼球。创造性地用光是将普通拍照提升为摄影艺术，这种不拘一格的画面光影就是本节要为大家介绍的。

》夜景的虚焦拍摄技巧

在大多数情况下，拍摄师都是本着越清晰越好来拍摄画面的，但在某些特殊情况下，比如夜景拍摄时，模糊的画面更能表现氛围和意境。模糊的画面也叫虚焦画面，而拍摄此种画面时所要掌握的技巧其实并不复杂。

手动对焦出新意

拍摄虚焦画面时，需要将相机的对焦模式调整为手动，然后适当转动对焦环让画面中的元素都变模糊直至满意，不过为了保证画面稳定清晰，搭配三脚架和快门也是必需的。

| 焦距50mm | 光圈F1.8 |
| 快门速度1/30s | 感光度100 |

←使用手动对焦模式后，转动对焦环即可将夜间灯光转化为美丽的光斑，此时按下快门拍摄，得到极富美感的画面

选对场所来拍摄

虚焦的画面重要的是表现抽象的色彩形态美感，那么拍摄前一定要选择具有丰富色彩外形的主体，如果是夜景拍摄，以繁华的城市街道和霓虹灯闪烁的娱乐场所为主体为宜。

| 焦距50mm | 光圈F2.5 |
| 快门速度1/30s | 感光度100 |

←那些规律排列的霓虹灯成为了镜头下的主角，色彩斑斓引人注意

光圈的选择

光圈影响着画面的景深，而光圈越大景深越浅，表现在画面的虚化效果越好，所以无论是光斑还是建筑，大光圈得到的虚焦效果都会更好些。在拍摄时选择光圈优先模式或者手动模式，调整到大光圈，方能得到满意的效果。

焦距50mm　　光圈F2.2　　快门速度1/30s　　感光度100

↓夜间彩色的霓虹灯，在F2.2大光圈虚焦的情况下变成了彩色的光斑组合，这种独特的拍摄方式能够获得新颖的画面效果，让观者仿佛在光影世界自由穿梭

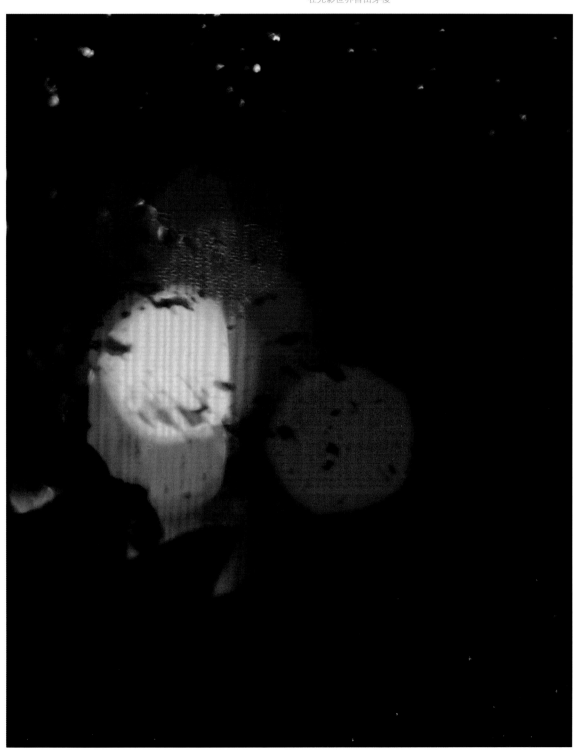

焦距28-135mm　光圈F2.2　快门速度1/30s　ISO感光度100

↑拍摄者以广角到长焦的变焦镜头拍摄，不过拍摄时转动变焦范围也不宜太大，否则画面会过于发虚

变焦爆炸是摄影当中一种非常有趣的拍摄方式，它能够呈现出极富视觉冲击力的画面，体现出一种时间流动的感受，不过这种作品需要一些技巧，要掌握几个要点才能拍出来。

变焦镜头是关键

变焦爆炸效果是在拍摄的过程中，拍摄者转动变焦环进行变焦而成的，所以使用变焦镜头是最大前提。拍摄是对变焦镜头的焦距没有具体要求，应该按拍摄环境和主体来选择，广角到中焦，或者中焦到长焦变焦镜头都可以选择。

变焦方式和变焦速度

拍摄变焦爆炸效果，大家既可以选择从短焦端变到长焦端，也可以选择从长焦端变到短焦段。

变焦拍摄时既要考虑快门速度，还要配合变焦速度，才能得到良好的成像。一般来说先将快门稳定在三脚架之上，快门速度控制在1/60s以下甚至长达数秒都可以，然后全按快门后均匀流畅地转动变焦环，确保画面不会晃动。较慢的速度有利于拍摄时的变焦操作，而快门过快，会造成来不及变焦，也就得不到需要的爆炸效果。

焦距70-135mm　光圈F2.2　快门速度1/30s　ISO感光度100

变焦爆炸下的古典建筑仿佛穿越时空来到大家面前，变焦方式以及变焦速度的合理搭配，让普通的景观富有新的活力

焦距24-105mm　光圈F2.2　快门速度1/30s　感光度100

变焦爆炸不仅带来了极富视觉冲击力的画面效果，还能够保证观者的
视线汇聚在画面中央的主体之上，这种放射状的动感画面张力十足，
看点十足

第 9 章
用光与曝光的后期优化

本章我们以Photoshop CS5 的调整效果为例，着重讲解后期对用光与曝光的补救和美化方法，以便影友们在遇到画面曝光、色彩问题时，能够很好地应对。但是有一点需要强调，后期虽然能补救一些照片上的不足，但也不能一味的依赖，前期的合理用光与曝光准确才是摄影的重心所在。

9.1 修正光影效果的不足

影友们都知道，有时拍摄出来的照片会遇到曝光不足、曝光过度或是画面明暗反差与自己想要的效果有一定差距的情况，那么这些有些遗憾的照片该怎么处理呢？

>> 校正照片的曝光过度

曝光过度的情况一般出现在拍摄者测光的失误上或是当时的环境光线太亮，而相机的设置却未能与环境光线相匹配，所以拍摄出来的画面非常亮，导致有些细节不能得到很好的表现，画面色彩也显得不太真实，所以针对这样的情况，我们可以后期在Photoshop CS5中做出调整。

◀原照片：云雾缭绕的画面，因曝光过度，天空的云彩没有层次变化，影响观赏的视觉感受

▼调整照片：调整过后的画面，层次更加丰富，影调更富有变化

在实际操作中，曝光过度的照片经过Photoshop CS5的调整，可得到一定程度的修复，具体操作步骤如下：

01 在Photoshop CS5中打开曝光过度需要调整的照片。

02 单击页面上方菜单栏【图像】/【调整】/【阴影/高光】，弹出【阴影/高光】的调整面板。

03 在弹出的调整面板上对画面的高光部分作出调整，知道满意为止，然后按下【确定】键。

04 调整完成的照片，单击页面上方菜单栏【文件】/【存储】，即可完成。但要注意的是，单击【存储】按钮新文件即覆盖原有文件，如不想覆盖则可选择【储存为】。

❯❯ 校正照片的曝光不足

在摄影中，有曝光过度的情况出现，自然也会有曝光不足的情况。当拍摄出来的画面曝光不足时，画面的影调会十分黯淡，影响画面对观赏者的吸引力，所以我们可以用Photoshop CS5中的【色阶】选项来修复这样的照片。

◀原照片：拍摄蔚蓝天空下的草原，因曝光不足，画面看起来黯淡而没有美感

▼调整后照片：明显扭转了照片曝光不足的问题，画面显得明亮，色彩鲜艳

01 在Photoshop CS5中打开曝光不足的照片。

02 然后单击页面上方菜单栏【图像】/【调整】/【色阶】，弹出【色阶】的调整面板。

03 关于色阶的提示：在输入色阶的下面有三个滑块，它们分别代表了【黑】、【灰】、【白】，【黑】是画面中最好的像素，【灰】是中间调像素，【白】是最亮像素。

04 如先把【白色】滑块向左移动一些，一般是有像素分布的位置，画面都会变亮，而在将【灰色】滑块左移一些，调亮画面中间调，如有需要还可稍微对【黑色】滑块移动，如觉得效果满意了也可不必调整。

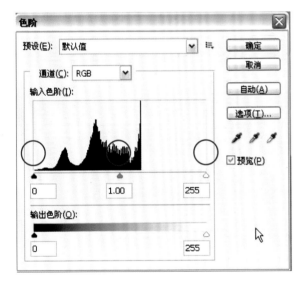

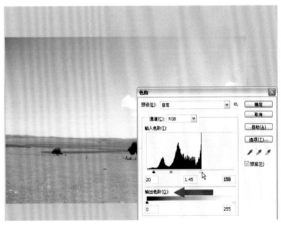

05 调整完成的照片，单击页面上方菜单栏【文件】/【存储】，即可完成。但要注意，单击【存储】按钮新文件即覆盖原有文件，如不想覆盖则可选择【存储】。

≫ 修复反差过小的照片

　　反差过小的照片总给人一种灰蒙蒙的感觉，没有色彩的视觉冲击，而要改变照片的这种状况。可以在后期处理时通过提高画面对比度来增加明暗反差，以恢复画面的立体感和鲜艳色彩。下面就以如何用【亮度/对比度】选项来修整灰蒙蒙的照片。

▲ 原照片：画面反差有些小，显得有些灰暗

▲ 调整后照片：画面的明暗反差增加了，自然起来

　　调整反差过小的照片，在Photoshop CS5中的步骤如下：

　　01 在Photoshop CS5界面中打开需要调整的反差过小的照片。

　　02 然后单击页面上方菜单栏【图像】/【调整】/【亮度/对比度】，弹出【亮度/对比度】的调整面板。

（03）观察原照片可发现画面的亮度较高，所以在调整面板的对话框中直接将【亮度】滑块拖向左，减小图片亮度。

（04）接着在对话框中再拖动【对比度】滑块，以改变画面的对比度效果，在达到满意的效果后停止，单击【确定】完成。

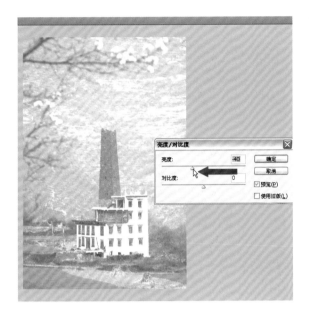

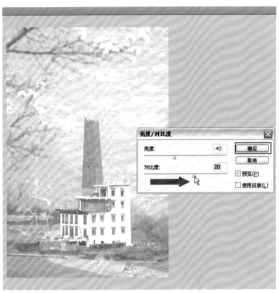

（05）调整完成的照片，根据需要，单击页面上方菜单栏【文件】/【存储】或是【储存为】，保存照片。

≫ 修复缺少细节的照片

拍摄出来的照片如果缺少了应有的细节，容易影响画面的美感，而造成这种缺陷的原因有很多，可能是光线环境，也可能是画面中被摄体的明暗反差过大等。我们可以在后期处理中运用蒙版工具来修复画面的细节缺少问题。

▲ 原照片：反差过大，细节丢失

▲ 调整后照片：缩小了反差，找回细节

缩小反差的操作步骤如下：

01 在Photoshop CS5界面中打开需要调整的照片。

02 在贝面【图层】中将【背景图层】拖拽到【创建新图层】的按钮上，【背景】图层就会被复制成【背景 副本】图层。

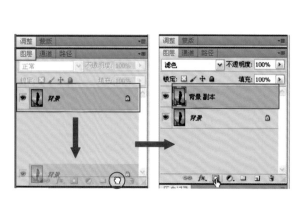

(03) 将【图层混合模式】设定为【滤色】，照片瞬间就会亮起来。

(04) 照片整个亮起来，就不仅仅是人物亮了，背景也亮了，所以现在要做的就是将过亮的背景亮度压低，所以单击【添加图层蒙版】按钮，建立图层蒙版。

(05) 然后选择工具栏里的【画笔工具】，将【前景色】设置为【黑色】，在画面中的亮部涂抹，使天空色彩还原。

(06) 最后根据需要单击页面上方菜单栏【文件】/【存储】或是【存储为】，将调整完成的照片保存。

达人支招

▌了解图层蒙版及对画笔工具的设置

在上面的操作步骤中涉及图层蒙版，可能有些影友有些摸不着头脑，这里为大家讲解一下。图层蒙版就是用来遮挡图层的工具，在PS中，将图层加上蒙版后，在特定的区域涂黑色，此区域将变透明，让下面的图层的图像显示出来；而涂成白色后，此区域将变得不透明，遮挡下方图层的图像。

借助图层蒙版功能，我们可以控制图像特定部位的透明程度。

在利用图层蒙版减小反差的操作中，画笔工具的设置要根据画面需要涂抹的的程度来决定，如上面的操作中，画笔工具的【不透明度】与【流量】拍摄者都做了相应的设置。

▲PS中新建图层蒙版所在位置

9.2　处理照片中色彩与画质的缺陷

　　追求完美的影友往往都对画面的色彩与画质有着较高要求，但在拍摄中受到诸如天气、相机设置等因素的影响，可能会造成画面色彩的鲜艳程度和画面质量达不到理想效果，所以本节的重点就是用后期来弥补拍摄照片中色彩与画质的缺陷。

≫ 修复画面色彩平淡

　　拍摄照片，一般是以还原被摄体真实色彩为宗旨，而有时因相机中色彩模式的设置不当，或是光线运用不佳等原因导致的画面色彩的平安，整个画面都会显得淡而无味，就更谈不上深究其内涵了。所以针对这种情况，在后期中运用【色相、饱和度】选项来恢复画面的鲜艳色彩。

▲ 原照片：画面色彩平淡，不醒目

▲ 调整后照片：饱和度的调整，让画面色彩浓郁、醒目

01 在Photoshop CS5中打开需要调整的照片。

02 单击页面上方菜单栏【图像】／【调整】／【色相/饱和度】。

03 在弹出的相应对话框中，单击鼠标向右拖动【饱和度】滑块，观察画面的变化，当调整好饱和度，得到满意画面效果时，单击【确定】。

04 最后将调整好的画面进行保存。

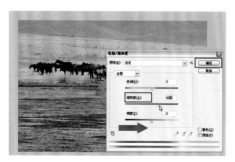

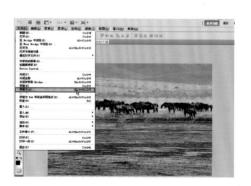

》 调整照片的色偏

如果拍摄者对色温的概念不太了解，或是白平衡的设置不当，就容易使拍摄出来的画面产生色偏的现象。而这种色偏容易误导观赏者，也影响画面美感，所以我们可以通过后期Photoshop CS5中的【色彩平衡】选项来对这样的缺陷进行修正。

▲ 原照片：**画面色彩偏离实际**

▲ 调整后照片：**画面色彩更接近真实色彩**

01 在Photoshop CS5中打开需要调整的照片。

02 单击页面上方菜单栏【图像】/【调整】/【色相/饱和度】。

03 在弹出的相应对话框中，单击鼠标向右拖动【饱和度】滑块，观察画面的变化，当调整好饱和度，得到满意画面效果时，单击【确定】。

04 最后将调整好的画面进行保存。

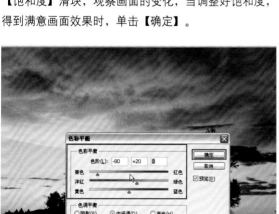

≫ 去除照片的噪点

众所周知，当环境光线不佳时，拍摄者可通过提高相机的感光度ISO来确保画面曝光正确，且画面清晰，但这样也同时伴随着噪点增多的缺陷，画面质量就得不到保证了，所以在后期对画面噪点的去除，就是对画面质量的修复。

◀ 原照片

◀ 调整后照片

降噪的具体的操作步骤如下：

01 在Photoshop CS5中打开需调整的照片。

02 在【导航器】中，向右滑动【缩放】滑块，放大图片，如果直接界面中没有找到【导航器】，可在页面菜单的【窗口】中，勾选【导航器】。在放大的图中，我们的清楚看到图像中的杂色。

03 然后在页面菜单单击【滤镜】/【杂色】/【减少杂色】选项。

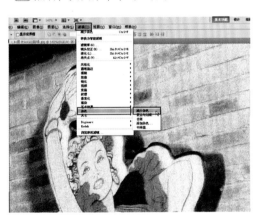 

04 打开相应的对话框后，先将对话框中的参数都调整为0，然后在通过查看图片的变化做相应的调整，在调整满意了之后，按下【确定】键。

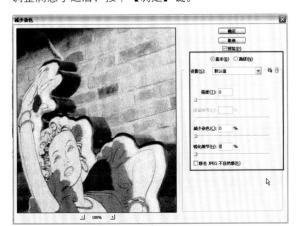 

▶▶ 去除照片中的光斑

在在特定的光位环境中，如逆光或侧逆光，如拍摄者不使用遮光罩拍摄照片，很容易将强烈的阳光直接收入镜头，导致光晕或是光斑的形成。如果拍摄者是特意运用这样的光斑光晕来加强画面的表现效果，这里的光斑就不是影响画面美感的绊脚石，所以这里

我们所需要去除的照片光斑，是出现在画面的不当位置，有损画面质量的情况。

要去除影响画面质量的光斑，我们可以充分的运用Photoshop CS5中的功能来解决。

▲ 原照片：人物脸上的光斑影响画面美感

▲ 调整后照片：去除光斑，更显人物美好

01 在Photoshop CS5中打开需要调整的照片，然后单击左侧工具栏的【仿制图章】工具。

02 在主页面左上角单击画笔下拉列表，设置笔触大小和硬度。

用光与曝光艺术与创意

03 按住键盘上的【Alt】键，单击画面中人物与光斑处相近的某处皮肤，选为被复制的部分，然后在脸部的光斑涂抹，可见光斑消除。

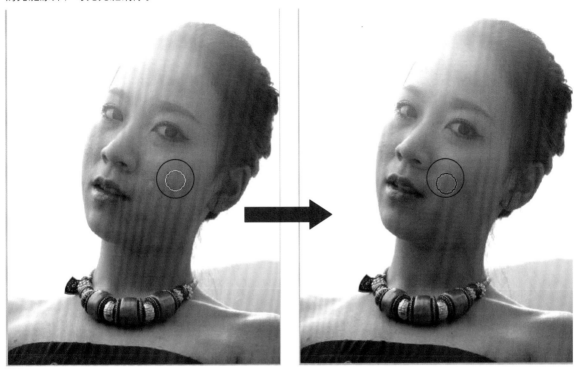

04 使用【仿制图章】工具将光斑去除后，就可以对图片进行保存了。

≫ 去除人像照片中的红眼

夜间拍摄人像，拍摄出来的人物出现红眼是影友们常遇到的问题，而这种红眼会让画面显得怪异，影响人物眼睛神韵的表现。在实际拍摄中，拍摄者将闪光灯设置为防止红眼闪光，即可以防止红眼的产生。

但如果在拍摄成照片后，发现人物出现了红眼，又应该怎样在后期去除了？这就是本节要解决的问题。

◀ 原照片：人物有明显的红眼

◀ 调整后照片：人物的红眼消失

消除红眼的操作步骤如下：

01 在Photoshop CS5中打开需要调整的照片，然后鼠标右键单击左侧工具栏的【污点修复画笔】工具，选择下拉菜单中的【红眼工具】。

02 将图标分别放在人物的左眼和右眼处单击，红眼就被消除了。

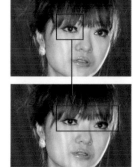

≫ 制作优质的黑白照片

摄影艺术诞生的初期，是从黑白照片记录影像开始的，而随着时代发展，色彩鲜明的彩色照片取代了黑白照片的主流地位，但这并不影响黑白照片的魅力。所以现在越来越多的影友喜欢将一些彩色照片在后期处理成黑白照片，以增强表现的韵味和丰富画面的影调层次。

想要在Photoshop CS5中制作出优质的黑白照片，并不仅仅是简单去色即可，它需要在【去色】与【黑白】选项的配合下完成。

▲ 原照片

▲ 制作后照片

制作黑白照片的操作步骤如下：

01 在Photoshop CS5中打开照片，单击菜单栏【图像】/【调整】/【黑白】选项，图像得到的效果与【去色】相同，但不同的是【黑白】选项会弹出相应窗口调整画面亮度调整。

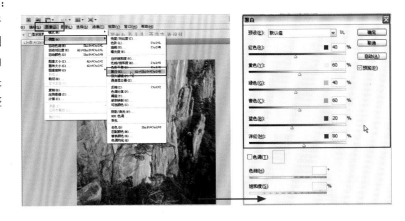

02 因为原图中绿色的部分较深，所以在转化成黑白照片是会很黑，所以可适当的将绿色的亮度提高，使画面层次更丰富。

03 最后，将制作好的画面进行保存。

9.3 后期合成的光影效果

一些特殊且表现力十足的光影效果，并不是通过相机的拍摄就能完成的（极少数相机本身自身有合成功能的除外），而需要在后期软件的帮助下合成的，如HDR影像或是多重曝光的画面效果等，本节就特殊光影效果的后期合成做一个详细讲解。

❯❯ HDR影像合成

在前面的章节，我们对包围曝光的知识有了一定了解，所以我们知道在利用包围曝光拍摄可得到曝光量不同的数张照片，这些照片有着不同的明暗细节保留，但有可能都不是最佳的光影效果，所以我们可以用Photoshop CS5的HDR合成工具，已得到将明处与暗处的细节都保留在画面中的照片。

以上面三张照片为例，合成HDR的操作步骤如下：

[01] 打开Photoshop CS5的界面，单击【文件】/【自动】/【合并到HDR】，启动合成组件。

[02] 在打开的【合并到HDR】的对话框后，单击【浏览】按钮，选择要合成的几张照片，勾选【尝试自动对齐源图像】，然后点击【确定】键。

[03] 在点击【确定】之后，会自动打开【手动设置曝光值】的对话框，拍摄者可浏览缩览图，并停留在光线适中的照片，按下【确定】键。

（04）然后系统将进行自动调整，跳转到【合并到HDR】对话框。

（05）在【合并到HDR】对话框的右侧设置【位深度】为"8位/通道"，并调整其他参数，设置完成后单击【确定】，系统会自动创建HDR文件。

（06）HDR图像合成后，根据需要，单击页面上方菜单栏【文件】/【存储】或是【存储】，保存照片。

▼ 合成后的**HDR**照片

≫ 多重曝光的运用

多重曝光就是在同一个画面中展现双重或是多重影像，以激发观者的兴趣。多重曝光是传统胶片单反相机的常用功能。而如今市面上除了尼康等少数品牌的机型拥有此功能，很多入门级数码单反相机都没有多重曝光功能，不过这并影响我们利用多重曝光拍出美好画面信心。

我们可以利用Photoshop cs5这类的后期软件合成，做出两重或者多重曝光的效果，使画面表现出两个或多个影像相映，从而丰富画面内容，使其更具趣味性。

以同样是黑色背景的花朵和人像这两幅照片为例，在Photoshop CS5中合成多重曝光效果的步骤如下：

01 打开Photoshop CS5，单击菜单中的【文件】,选择【打开】，从文件夹中选择要打开的两张照片。

02 如图所示，打开完成后，两幅照片在Photoshop CS5的窗口中打开。

03 单击鼠标选择晴空下的花朵那幅幅照片，然后按下快捷键【Ctrl+A】将其选中，然后按下【Ctrl+C】将复制复制，再单击鼠标选择人像照片，按下快捷键【Ctrl+V】，将花朵照片粘贴在人像照片上。

04 在图层窗口下将图层模式改为【滤色】效果，根据需要调整不透明度，然后合并图层完成，保存完成的照片即可。

▲ 将两张照片的影响通过Photoshop CS5的处理，合并在同一个画面中，比单一的照片又多了几份情趣，这就是多重曝光的魅力所在

达人支招

▌多重曝光做出照片的柔光效果

我们都知道，想要得到柔光效果有很多方法，配件也是可以用丝袜等物品自由DIY，但是如果你想要拍出柔光效果，身边却没有可以利用的工具时，是不是有没有办法了呢？当然不是，这里就为大家推荐多重曝光的方法来制造画面的柔光效果。

在具体操作的时候，拍摄者需要拍摄两张景别景物都完全一样的照片，一张是正常的主体清晰的画面，另一张要整体虚化，而在得到这两张照片后，在后期Photoshop CS5中合成的具体操作方法以上边的步骤为准，须提示的一点是将"虚化"照片粘贴到"实体"照片之上，然后就得到了柔光效果的画面。